高等职业院校建筑装饰工程专业系列教材

建筑装饰工程计量与计价

范菊雨　副主编

刘剑英　胡祎扬　参编

科学出版社

北　京

内 容 简 介

本书为高等职业院校建筑装饰工程技术和工程造价专业相关课程教材，编写过程中参考了最新的《建筑工程工程量清单计价规范》（GB 50500—2013），《房屋建筑与装饰工程工程量计算规范》（GB 50854—2013），全面系统地介绍了建筑装饰工程清单计价的基本理论知识，重点强调计价程序与操作方法，真正做到螺旋递进，理论联系实际，充分体现了工程造价管理与控制的特点。

本书共分为六章，主要包括绪论；工程量清单计价；装饰工程分部分项清单计价；装饰工程措施项目清单计价；其他项目、规费、税金清单计价；单位工程施工图预算编制等内容。本书采用真题实做的学习方法，对于重点项目，每个计算规则都对应有一项实例进行讲解，使知识能迅速转化为技能。

本书不仅可以作为建筑装饰工程技术专业和工程造价专业核心课程的教材和指导书，还可以作为其他相关专业的课程教材，以及相关专业的岗前培训教材。

图书在版编目（CIP）数据

建筑装饰工程计量与计价/杨淑华主编.—北京：科学出版社，2021.3
（高等职业院校建筑装饰工程专业系列教材）
ISBN 978-7-03-067126-4

Ⅰ.①建… Ⅱ.①杨… Ⅲ.①建筑装饰–工程造价–高等职业教育–教材
Ⅳ.①TU723.3

中国版本图书馆CIP数据核字（2020）第243194号

责任编辑：万瑞达 / 责任校对：王 颖
责任印制：吕春珉 / 封面设计：曹 来

科 学 出 版 社 出版
北京东黄城根北街16号
邮政编码：100717
http://www.sciencep.com
三河市骏杰印刷有限公司印刷
科学出版社发行 各地新华书店经销
*
2021年3月第 一 版 开本：787×1092 1/16
2021年3月第一次印刷 印张：16
字数：384 000
定价：39.00元
（如有印装质量问题，我社负责调换〈骏杰〉）
销售部电话 010-62136230 编辑部电话 010-62130874（VA03）

前　言

为适应当前高等职业教育发展需要，快速培养建筑装饰行业中具备装饰工程计量与计价的专业技术报价的应用型人才，参照当前建筑装饰行业发展实际，我们编写了本书。

本书根据《建筑工程工程量清单计价规范》（GB 50500—2013）、《房屋建筑与装饰工程工程量计算规范》（GB 50854—2013）进行编写，重点突出建筑装饰工程清单计价的方法、特点，涉及装饰工程的各个分部；同时结合多个实例细致讲解装饰工程造价中清单编制、招标控制价及投标报价的编制原则及方法。

本书内容注重在教学过程中由浅入深地引入知识点，遵循国家计量和计价规范。全书内容和案例丰富、通俗易懂，并附有相关习题供读者练习。

本书由湖北城市建设职业技术学院杨淑华担任主编，范菊雨担任副主编，湖北城市建设职业技术学院刘剑英、江汉大学胡祎扬参编，全书由杨淑华负责统稿。本书具体章节编写分工为：范菊雨编写第一章、第二章，杨淑华编写第三章、第四章、第五章，刘剑英编写第六章，胡祎扬提供所有案例图形。同时，湖北省相关装饰企业的同行也参与了本书的部分编写工作，为本书的编写提供了大量的工程实例，并提出了很多宝贵意见，在此表示感谢！

本书在编写过程中参考了广大师生的宝贵意见，特别感谢湖北城市建设职业技术学院华均老师的支持和指导。同时希望广大读者继续给予意见，以兹我们在后续教学中持续提高，在此一并致以诚挚的谢意！

由于编者水平有限，本教材中存在的不足和疏漏之处，敬请各位读者批评指正。

编　者
2020 年 10 月

目　　录

第一章

绪　论

学习提示　近年来，建筑装饰项目的施工工艺及装饰材料的更新发展迅速，作为一名从事建筑装饰工程的造价人员，如何运用所学的基本知识和技能，熟练地进行工程报价，是应该在理论和实践学习中不断思考的。在本章内容中，首先要学习装饰预算的相关知识。

工程造价就是建筑工程的建造价格，也就是某项工程建设所花费的全部费用，学习者主要从工程造价计价的三要素：量、价、费着手，进行总造价的汇总与分析。

知识目标　1. 了解建筑装饰工程计量与计价的概念，了解建设项目的组成与划分。
2. 熟悉基本建设程序的流程，工程造价的分类。
3. 掌握各种计价方式之间的相互关系。
4. 掌握工程造价的费用构成以及计算程序。

能力要求　1. 能够描述两种计价模式的工作流程。
2. 能够判断工程造价文件所处的阶段。
3. 能正确填写工程量清单计价表格。
4. 能够制定适合自己的装饰工程计量与计价的学习计划。

规范标准　1.《建设工程工程量清单计价规范》（GB 50500—2013）（以下简称《清单计价规范》）。
2.《湖北省建筑安装工程费用定额》（2018）。

第一节　建筑装饰工程概述

▍**学习目标**

1. 了解建筑装饰工程计量与计价的概念。
2. 掌握建设项目的组成与划分。

▍**能力要求**

能够对建设项目进行正确的分解。

在现实生活和工作中，经常会看到各种建筑物，其中有很多都进行了装修，如光洁如镜的石材楼地面、色彩艳丽的墙面装饰、层层错落的天棚吊顶等，这些项目都是经过建筑装饰施工而形成的。本节我们将学习什么是装饰装修，装饰装修的内容有哪些，装饰预算的内容由哪些组成。

一、装饰工程计量与计价概述

（一）建筑装饰装修

建筑装饰装修是指为了保护建筑物的主体结构，完善建筑物的物理性能、使用功能并美化建筑物，采用建筑装饰材料和相应的饰物对建筑物的内外表面，以及空间进行各种处理的一系列工程建设的活动。它包含建筑装修、建筑装饰、建筑装潢等。通常情况下，将装饰装修工程简称为装饰工程。

（二）建筑装饰工程计量与计价

建筑装饰工程计量与计价，也称为建筑装饰工程预算，是指在装饰工程项目建设过程中，根据不同的设计阶段以及设计文件的具体内容、国家或地区规定的定额指标以及各类取费标准，预先计算和确定的每项新建、扩建、改建项目中的装饰工程所需全部投资额的活动。

二、建设项目的划分与组成

（一）建设项目的概念

工程建设项目实质上是固定资产的投资，主要包括房屋建筑、桥梁、隧道、公路、铁路、港口、码头、机场等。通常，通过具体的建设工程项目来实现固定资产的投资活动。

工程建设项目是由不同工程建设活动经过施工来完成的，包括建筑工程、设备及工器具购置、安装工程以及其他建设工程。

1．建筑工程

建筑工程是指各种建筑物的新建、改建、扩建和恢复工程。例如，厂房、住宅、学校、医院、道路、桥梁、码头等建筑物和构筑物的建设。

2．设备及工器具的购置

设备及工、器具的购置包括生产、动力、起重、运输、实验、医疗等设备以及工、器具的购置。

3．安装工程

安装工程是指设备的装配和安装。

4．其他建设工程

其他建设工程是指与上述工程建设工作有关的与此相联系的工作。例如，勘察设计、监理、土地购置、管理人员培训、生产准备等工作。

（二）建设项目的划分

建设项目由于分类的依据不同，其类别也不同。

1．按建设性质不同分类

建设项目按建设性质不同可划分为基本建设项目和更新改造项目两大类。

1）基本建设项目是指投资建设用于以扩大生产能力，或增加工程效益为目的的新建、改建、扩建、恢复的工程项目。

2）更新改造项目是指建设资金用于对企业、事业单位原有设施进行技术改造或固定资产更新的工程项目。

2．按投资作用分类

建设项目按投资作用可划分为生产性建设项目和非生产性建设项目两大类。

1）生产性建设项目是指直接用于物质生产，或直接为物质生产服务的建设项目。例如，工业建设、农业建设、基础设施建设等。

2）非生产性建设项目是指用于满足人民物质和文化、福利需要的建设和非物质生产部门的建设项目。例如，办公用房、居住用房、公共建筑等。

3．按项目规模分类

建设项目按项目规模可划分为工程基本建设项目和更新改造项目。工程基本建设项目划分为大、中、小型三类；更新改造项目划分为限额以上和限额以下两类。

（三）建设项目的组成

建设项目是指按照同一个总体设计，在一个或两个以上场地上进行建造的单项工程之和。建设项目一般应有独立的设计任务书，行政上有独立组织建设的管理单位，经济上是进行独立经济核算的法人组织，如一个工厂、一所医院、一所学校等。建设项目的价格一般是由编制设计总概算或修正概算来确定的。

基本建设过程中，建筑安装工程造价的计算比较复杂。为了准确计算建筑产品价格和进行建设工程的有效管理，必须将建设项目按照其组成内容的不同进行科学的分解，从大到小，把一个建设项目划分为单项工程、单位工程、分部工程和分项工程。

1. 单项工程

单项工程是指具有独立的施工条件和设计文件，建成后能够独立发挥生产能力与效益的工程项目，如办公楼、教学楼、食堂、宿舍楼等。它是建设项目的组成部分，其工程产品价格是由编制单项工程综合概预算确定的。

2. 单位工程

单位工程是具有独立的设计图样与施工条件，但建成后不能单独形成生产能力和发挥效益的工程。它是单项工程的组成部分，例如，一栋住宅楼中的土建工程、装饰装修工程、给水排水工程、电器照明工程、设备安装工程等，如果完成其中一项单位工程，是不能发挥使用效益的。单位工程是编制设计总概算、单项工程综合概预算的基本依据。单位工程价格一般可通过编制施工图预算确定。

3. 分部工程

分部工程是单位工程的组成部分。它是按照建筑物的结构部位或主要的工种划分的工程分项，例如，装饰装修工程中的楼地面工程、墙柱面工程、门窗工程等。分部工程费用组成单位工程价格，也是按分部工程发包时确定承发包合同价格的基本依据。

4. 分项工程

分项工程是分部工程的细分，是构成分部工程的基本项目，又称工程子目或细目，它是通过较为简单的施工过程就可以生产出来并可用适当计量单位进行计算的建筑工程或安装工程。一般是按照施工方法，所使用的材料、结构构件规格等不同因素划分施工分项。例如，楼地面工程中一般分为垫层、防潮层、找平层、结合层、面层等分项工程。

综上所述，一个建设项目由一个或若干个单项工程组成，一个单项工程由若干个单位工程组成，一个单位工程又由若干个分部工程组成，一个分部工程又可划分为若干个分项工程。如图 1.1 所示的建设项目分解示意图中可看出建设项目、单项工程、单位工程、分部工程和分项工程之间的内在联系与区别。

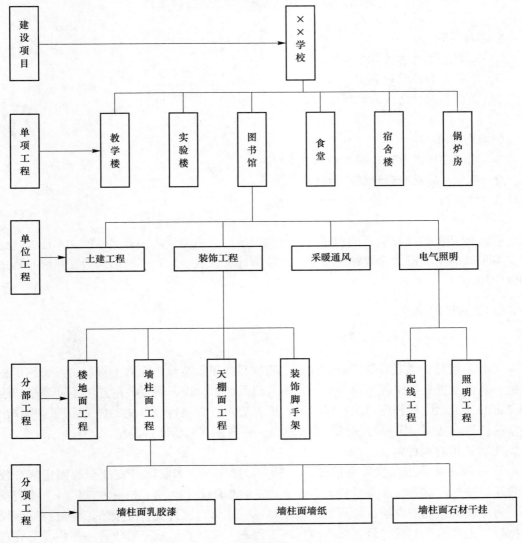

图 1.1　建设项目分解示意图

▌ 本节学习提示

　　在本节学习过程中，应先理解建设项目的组成与划分，掌握建设项目、单项工程、单位工程、分部工程和分项工程之间的内在联系，明确工程造价的研究对象。

第二节 建筑装饰工程计价

▌学习目标
1. 了解工程造价的概念和特点。
2. 掌握工程造价的取价方法。
3. 掌握各种计价方式之间的相互关系。

▌能力要求
1. 能够描述两种计价模式的工作流程。
2. 能够描述两种计价模式的区别与联系。
3. 能够判断工程造价文件所处的阶段。

在了解相关的建设项目的程序和项目的组成后，需要学习预算文件的文本形式，这些文本形式的总的概念又被称为什么，在装饰计价过程中又有哪些形式会在实际过程中加以应用。

一、工程造价的含义

（一）工程造价计价的概念

工程造价计价就是计算和确定建设工程项目的工程造价，简称工程计价，也称工程估价。具体来说是指工程造价人员，在项目建设各个阶段，根据各阶段的不同要求，遵循一定的计价原则和程序，采用科学的计价方法对投资项目最可能实现的合理价格作出科学的计算，从而确定投资项目的工程造价，完成工程造价文件编制。

工程造价有两种含义。

第一种含义：工程造价是指建设一项工程预期开支或实际开支的全部固定资产投资费用。显然，这一含义是从投资者——业主的角度来定义的。投资者选定一个投资项目，为了获得预期的效益，就要通过对项目可行性研究进行投资决策，然后进行勘察设计招标、工程施工招标、设备采购招标、工程施工管理直至竣工验收等一系列投资管理活动。在整个投资活动过程中，所支付的全部费用形成固定资产和无形资产，所有这些开支就构成了工程造价。从这个意义上说，工程造价就是完成一个工程建设项目所需费用的总和。

第二种含义：工程造价是指工程价格，即为建成一项工程，预计或在实际土地市场、设备市场、技术劳务市场以及承包市场等交易活动中，所形成的建造安装工程的价格和建设工程总价格。显然，工程造价的第二种含义是以商品经济和市场经济为前提的。它以工程这种特定的商品形式作为交易对象，通过招标或其他交易方式，在进行多次预估的基础上，最终由市场形成价格。在这里，工程范围和内涵可以是涵盖范围很大的一个建设项目，也可以是一个单项工程，或者是整个建设过程中的某个阶段，如土地开发过程、建筑安装工程、装饰安装工程等，或者是其中的某个组成部分。

（二）工程造价的计价特点

建设项目的特点决定了工程造价有如下的计价特点。

1．单件性计价

建设的每个项目都有特定的用途和目的，有不同的结构形式、造型及装饰要求。建设施工时可采用不同的工艺设备、建筑材料和施工方案，因此，每个建设项目一般只能单独设计、单独建造，只能是单件计价。产品的个别差异决定每项工程都必须单独计算造价。

2．多次性计价

建设项目建设周期长、规模大、造价高，因此按建设程序要分阶段进行建设实施。相应也要在不同阶段进行计价，以保证工程造价计算的准确性和控制的有效性。

建设项目计价从项目立项、可行性研究分析，直到竣工验收、交付使用阶段，分别要进行投资估算、设计概算、预算、结算、决算等多次计价。

多次性计价是逐步深化、细化和接近实际工程造价的过程。

3．分部组合计价

工程造价的计算是分部组合而成的。这一特征和建设项目的组合性有关。一个建设项目是一个综合体，这个综合体可以分解为许多内容，其造价计算过程和计算顺序是：分部分项工程造价→单位工程造价→单项工程造价→建设项目总造价。建设项目的组合性决定了工程造价计价过程是一个逐步组合的过程。

4．方法的多样性

工程造价在不同的阶段有不同的计价依据，不同阶段对工程造价精确度要求也各不相同，这就决定了工程造价的计价方法具有多样性。如确定投资估算可以利用设备系数法、生产能力指数估算法；确定概预算价格可以利用定额计价法和清单计价法。不同的计价方法适用于不同的计价阶段，编制人可以根据实际情况选择合适的计价方法。

5．依据的复杂性

影响工程造价的依据复杂，种类繁多。主要有以下几种：

1）计算设备、工程量的依据。主要包括项目建议书、可行性研究报告、设计文件等。

2）计算人工、材料、机械等实物消耗量的依据。主要有投资估算指标、概算定额、预算定额、标注图集等。

  3）计算工程单价的依据。包括人工单价、材料价格、机械台班单价等。

  4）计算设备单价的依据。包括设备原价、设备运杂费、进出口设备关税等。

  5）计算相关费用的费用定额。

  6）各地区物价指数和材料信息价。

  7）政府规定的规费、税金。

二、工程造价的确定方法

  装饰产品具有建设地点的固定性、施工的流动性、产品的单件性、施工周期长、涉及面广等特点。建设地点不同，各地人工、材料、机械单价的不同及规费收取标准的不同，各个企业管理水平的不同等因素，决定了建筑产品必须有其特殊的计价方法。

  目前，在我国建筑装饰工程计价的模式有两种，即定额计价模式和工程量清单计价模式。虽然工程造价计价的方法有多种，各不相同，但其计价的基本过程和原理都是相同的。从工程费用计算角度分析，工程造价计价的顺序如图 1.2 所示。

图 1.2　工程造价计价的顺序

  影响工程造价的主要因素有两个，即单位价格和实物工程数量，可以用下列计算式表达：

$$工程造价 = \sum（实物工程数量 \times 单位价格）$$

（一）定额计价模式

  定额计价模式是我国传统的计价方式，在招标投标时，无论作为招标控制价，还是投标报价，其招标人和投标人都需要按国家规定的统一工程量计算规则计算工程量，然后按建设行政主管部门颁发的预算定额计算人工费、材料费、机械费，再按有关费用标准计取其他费用，最后汇总成工程造价。其整个计价过程中的计价依据是固定的，即法定的"定额"。它是一种与计划经济相适应的工程造价管理制度，在特定的历史条件下，起到了确定和衡量工程造价标准的作用，规范了建筑市场，使专业人士在确定工程计价时有所依据，体现了政府对工程价格的直接管理和调控。

（二）清单计价模式

  随着我国市场经济体制日益完善，传统的定额计价制度与市场自发调节、自由竞争之间发生了冲突，投标单位按照统一的定额报价，无法体现企业的技术装备、施工手段、管理水平、采购优势，不利于促进企业加强管理、提高劳动生产率和市场竞争力。因此，必须对工程造价计价方法进行改革，从 2008 年开始，逐步推行建筑工

程清单计价,2013 年全面推行建筑工程清单计价,并修订了新版《清单计价规范》
(GB 50500—2013)。

工程量清单计价方式是为了适应目前工程招投标竞争中,由市场形成工程造价的需
要而出现的。《清单计价规范》(GB 50500—2013)和《房屋建筑与装饰工程工程量计
算规范》(GB 50854—2013)(以下简称《工程量计算规范》)对工程量清单计量与计
价活动给出了相关的法律规定,通过多年的计价调整,使得清单计量计价更为科学,并
广泛应用。

在工程量清单计价模式中,招标人需要按照国家统一规定的工程量计算规则计算工
程数量,投标人按照企业自身实力,根据招标人提供的工程量,自主报价。由于工程数
量由招标人提供,增大了招标市场的透明度,为投标企业提供了一个公平合理的基础和
环境,真正体现了建设工程交易的公平、公正。"工程价格由投标人自主报价"表示定
额不在作为计价的唯一依据,政府不再作任何参与,而是企业根据自身技术专长、材料
采购渠道和管理水平等,制定适合企业自己的报价来参与市场竞争。

(三)两种计价模式的区别

1.两种计价模式所处发展阶段不同

两种计价模式分别处在我国建筑市场发展过程中的不同阶段。

我国的建筑产品市场化经历了国家定价→国家指导价→国家调控价三阶段。

1)定额计价是计划经济的产物,产生在中华人民共和国成立之初,一直沿用至今,
可以说是一种传统的国家定价的计价模式。企业根据政府建设行政主管部门统一发布的
《预算定额》和《单位估价表》进行报价。

2)清单计价是市场经济的产物,产生在 2003 年,是以国家标准推行的新的计价模
式。在该阶段,工程造价是在国家有关部门间接调控和监督下,由工程承发包双方根据
市场中建筑产品的供求关系自主确定的,其价格的形成体现了自由竞争、自发波动、自
发调节的特点。

2.两种计价模式的主要依据不同

1)定额计价模式的主要依据为国家、地区行业主管部门制订的各种定额,其项目
的划分一般按施工工序划分定额子目。其工作内容是单一的。

2)清单计价模式的主要依据为《清单计价规范》(GB 50500—2013),是具有强
制性条文的国家标准。清单的项目划分一般按"综合实体"进行分项,每个分项包含多
项工作内容,尤其是装饰工程,一个清单项包含多个定额分项的情况非常普遍。

3.两种计价模式的单价组成不同

定额计价模式中的单价只包含人工费、材料费、施工机具使用费,也就是基价;清
单计价模式中的单价为综合单价,包括人工费、材料费、施工机具使用费、管理费、利
润,并考虑一定风险因素。

三、工程造价的影响因素

（一）工程造价构成要素的影响

工程造价构成要素的影响有工程成本的影响（材料费、人工费、施工机具使用费等）、利润和税金的影响。

（二）工程项目特点

工程项目是根据工程建设业主的特定要求，在特定条件下进行设计的，因此建筑工程产品的形态、功能多样，各具特色。每项工程的设计标准、造型、结构形式等的不同，导致建造过程中消耗的生产资料和劳动量也不同，即使是同一类型的工程，由于建设地区或同一地区坐落的地点不同，其水文地质条件或气象条件或当地的资源、技术、经济条件也不同，必然导致施工方法、施工组织方案等的不同，因而会使建筑工程在建造过程中的生产资料和劳动量消耗有差异。

（三）计价依据的影响

计价依据是工程造价确定过程中依据的基础资料。例如，人工、材料、机械资源等要素。消耗定额是一个基础性的计价依据。作为承包人，工程计价时依据的是反映企业技术水平和管理水平的消耗定额——企业定额；作为发包人，为确定项目投资额，计价时依据的是反映社会平均消耗水平的概预算定额。不同的建造商投标同一工程项目，他们都按各自企业消耗定额和费用标准计价，各自的报价也会有差别，由此业主可以选择技术水平强、管理水平高，信誉好，报价合理的建造商，以此形成良性竞争秩序。

（四）合同类型的影响

工程项目的业主方和承包方通过协商在合同中明确了双方在工程建设方面的权利和义务关系。由于工程项目有大小、技术有难易、施工条件有好坏、反映在工程建设过程中不可预见的风险有高低，为了规避、分担或转化风险，在工程合同中，有关工程造价和费用的合同条款将直接决定工程结算造价。由此看来，采用不同的合同类型，建设工程造价的计算及其结果也不尽相同。

（五）工程建设各个参与方的管理水平

在工程项目的整个建设过程中，不仅要对工程造价计价，同时也应对工程造价的形成过程进行实时的管理和控制，以保证工程项目按照预定的功能要求、技术标准、质量等级完成时，不超过计划的造价目标。

工程建设的各个阶段都应进行工程造价的计算确定，同时工程建设的各个参与方，特别是项目业主方和项目承包方在建设的全过程中，应对造价目标进行严格的监督、管理、控制，以保证造价目标的实现。

（六）市场因素的影响

市场因素主要有两个方面：一是供求状况，二是竞争状况。

项目在生产建设过程中需要的生产要素的供应状况直接影响着工程造价。

市场是一只无形的手，物资的市场价格不仅受供求关系的影响，更重要的是还有许多因素会不同程度地影响着市场价格，任何资源要素的价格波动会带动相应的产成品或商品价格的变化。

（七）其他因素

其他影响因素较多，例如：建设行政主管部门的规定；国家的法律、法规，价格政策；外汇政策；固定资产投资规模、投资结构，金融政策等。

总之，工程造价的影响因素较多，无论是投资决策阶段的造价估算，还是工程竣工后的实际结算造价，都是大量影响因素综合作用的结果。因此，在工程造价的确定计算中，应全面、综合考虑各种因素的影响，既能反映工程实际消耗，又能有效控制投资额，提高竞争力的工程造价。

▌本节学习提示

工程造价的两种含义决定工程计价方法的多样性，如何根据具体的工程特点确定相应的计价方法是本节学习的重点。

第三节　装饰工程造价费用项目构成

▌学习目标

1．熟悉工程造价的费用划分及构成。
2．熟悉《湖北省建筑安装工程费用定额》（2018 年）的费率标准。
3．掌握清单计价模式下的计算程序。
4．掌握定额计价模式下的计算程序。
5．掌握全费用清单计价模式下的计算程序。

▌能力要求

1．能够对不同计价模式的计算程序进行对比分析。
2．能够正确使用清单规范和费用定额。

湖北省现行的费用定额《湖北省建筑安装工程费用定额》（2018 年）是在建标〔2013〕44 号文基础上，结合本省实际情况进行编制的。根据《建筑安装工程费用项目组成》（建标〔2013〕44 号）及《湖北省建筑安装工程费用定额》（2018），按照费用不同划分方法，可以将装饰工程费用按构成要素和造价形式进行划分。

一、按费用构成要素分

建筑装饰工程费又称建筑装饰工程造价，按照费用构成要素划分为人工费、材料费、施工机具使用费、企业管理费、利润、规费和税金。其中人工费、材料费、施工机具使用费、企业管理费和利润包含在分部分项工程费、措施项目费、其他项目费中（图 1.3）。

（一）人工费

人工费是指按工资总额构成规定，支付给从事建筑装饰工程施工的生产工人和附属生产单位工人的各项费用，包括计时工资或计件工资、奖金、津贴补贴、加班加点工资、特殊情况下支付的工资等。

（二）材料费

材料费是指施工过程中耗费的原材料、辅助材料、构配件、零件、半成品或成品、工程设备的费用。材料费包括材料原价、运杂费、运输损耗费、采购及保管费。

（三）施工机具使用费

施工机具使用费是指施工作业过程中所发生的施工机械、仪器仪表使用费或其租赁费。

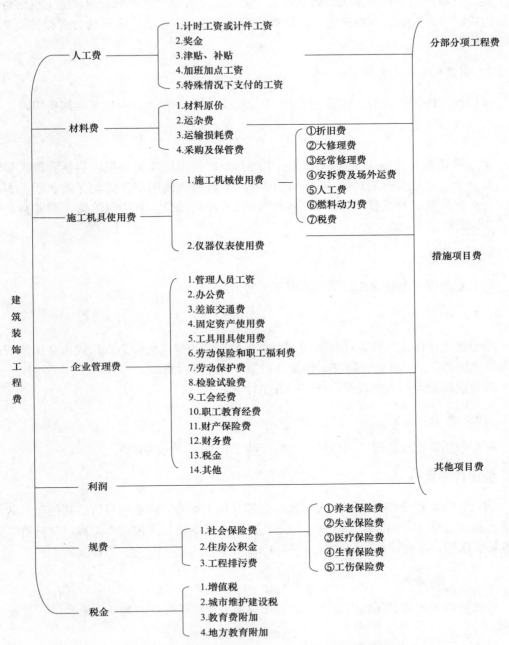

图 1.3　建筑装饰工程费用项目组成（按构成要素划分）

1. 施工机械使用费

施工机械使用费以施工机械台班耗用量乘以施工机械台班单价表示，施工机械台班单价由折旧费、检修费、维护费、安拆费及场外运费、人工费、燃料动力费和其他费等七项费用组成。

2. 仪器仪表使用费

仪器仪表使用费是指工程施工过程中所需使用的仪器仪表的摊销及维修费用。

（四）企业管理费

企业管理费是指施工企业组织施工生产和经营管理所需的费用，包括管理人员工资、办公费、差旅交通费、固定资产使用费、工具用具使用费、劳动保险和职工福利费、劳动保护费、检验试验费、工会经费、职工教育经费、财产保险费、财务费、税金、其他费等。

（五）利润

利润是指施工企业完成所承包工程获得的盈利。

（六）规费

规费是指按国家法律、法规规定，由省级政府和省级有关权力部门规定必须缴纳或计取的费用。包括：社会保险费、住房公积金、工程排污费。

其他应列而未列入的规费，按实际发生计取。

（七）税金

税金是指国家税法规定的应计入建筑安装工程造价内的增值税。

二、按造价形式分

建筑装饰工程费按照工程造价形式由分部分项工程费、措施项目费、其他项目费、规费、税金组成，分部分项工程费、措施项目费、其他项目费包含人工费、材料费、施工机具使用费、企业管理费和利润（图1.4）。

（一）分部分项工程费

分部分项工程费是指各专业工程的分部分项工程应予列支的各项费用。

1. 专业工程

专业工程是指按现行国家计量规范划分的房屋建筑与装饰工程、仿古建筑工程、通用安装工程、市政工程、园林绿化工程、矿山工程、构筑物工程、城市轨道交通工程、爆破工程等各类工程。

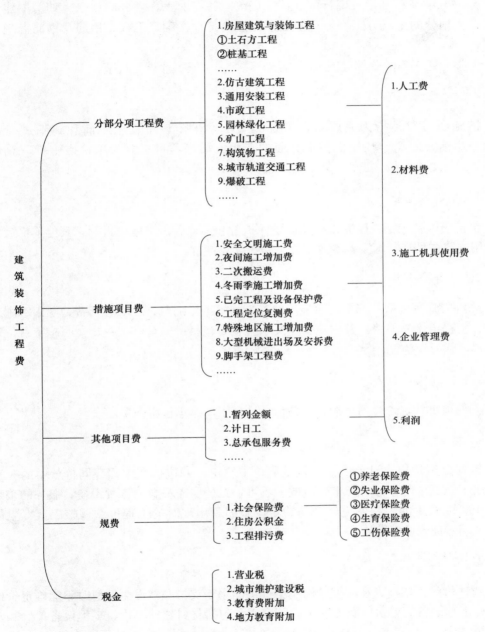

图 1.4　建筑装饰工程费用项目组成（按造价形式划分）

2．分部分项工程

分部分项工程是指按现行国家计量规范对各专业工程划分的项目。如房屋建筑与装饰工程划分的土石方工程、地基处理与桩基工程、砌筑工程、钢筋及钢筋混凝土工程等。

各类专业工程的分部分项工程划分见现行国家或行业计量规范。

（二）措施项目费

措施项目费是指为完成建设工程施工，发生于该工程施工前和施工过程中的技术、生活、安全、环境保护等方面的费用。措施项目费分为单价措施费、总价措施费。

1．单价措施费

单价措施费包括：已完工程及设备保护费和其他单价措施项目费。其他单价措施项目费用内容详见现行国家各专业工程工程量计算规范。

2．总价措施费

总价措施费包括：安全文明施工费、夜间施工增加费、二次搬运费、冬雨季施工增加费、工程定位复测费。其中，安全文明施工费包括：安全施工费、文明施工费、环境保护费、临时设施费。

（三）其他项目费

其他项目费包含暂列金额、暂估价、计日工、总承包服务费。

1．暂列金额

暂列金额是指建设单位在工程量清单中暂定，并包括在工程合同价款中的一笔款项。用于施工合同签订时尚未确定或者不可预见的所需材料、工程设备、服务的采购，施工中可能发生的工程变更、合同约定调整因素出现时的工程价款调整以及发生的索赔、现场签证确认等费用。

2．暂估价

暂估价是指招标人在工程量清单中提供的用于支付必然发生但暂时不能确定价格的材料、工程设备的单价以及专业工程的金额，包括材料暂估单价、工程设备单价和专业工程暂估价。

3．计日工

计日工是指在施工过程中，施工企业完成建设单位提出的施工图纸以外的零星项目或其他相关工作所需的费用。

4．总承包服务费

总承包服务费是指总承包人为配合、协调建设单位进行的专业工程发包，对建设单位自行采购的材料、工程设备等进行保管以及施工现场管理、竣工资料汇总整理等服务所需的费用。

（四）规费

规费是指按国家法律、法规规定，由省级政府和省级有关权力部门规定必须缴纳或计取的费用。包括：社会保险费、住房公积金、工程排污费。

其他应列而未列入的规费，按实际发生计取。

（五）税金

税金是指国家税法规定的应计入建筑安装工程造价内的增值税。

三、费率标准

（一）一般计税法费率标准

以下为湖北省 2018 费用定额颁布的费率标准，各地区会在相应时间出台文件调整费率标准。

1．总价措施费

（1）安全文明施工费
安全文明施工费见表 1.1。

表 1.1　安全文明施工费　　　　　　　　单位：%

专业		房屋建筑工程	装饰工程	通用安装工程	市政工程	园林工程	绿化工程	土石方工程
计费基数		人工费＋施工机具使用费						
费率		13.64	5.39	9.29	12.44	4.30	1.76	6.58
其中	安全施工费	7.72	3.05	3.67	3.97	2.33	0.95	2.01
	文明施工费 环境保护费	3.15	1.20	2.02	5.41	1.19	0.49	2.74
	临时设施费	2.77	1.14	3.60	3.06	0.78	0.32	1.83

武城建〔2019〕77号《市城建局关于调整武汉市建设工程安全文明施工费的计价规定的通知》（2019年8月9日）规定，安全文明施工费在《湖北省建筑安装工程费用定额》（2018）取费标准的基础上，房屋建筑工程上调16.89%，市政工程上调17.07%，其他专业不调整。

（2）其他总价措施费

其他总价措施费见表1.2。

表1.2　其他总价措施费

单位：%

专业		房屋建筑工程	装饰工程	通用安装工程	市政工程	园林工程	绿化工程	土石方工程
计费基数		人工费＋施工机具使用费						
费率		0.70	0.60	0.66	0.90	0.49	0.49	1.29
其中	夜间施工费	0.16	0.14	0.15	0.18	0.13	0.13	0.32
	二次搬运费	按施工组织设计						
	冬雨季施工增加费	0.40	0.34	0.38	0.54	0.26	0.26	0.71
	工程定位复测费	0.14	0.12	0.13	0.18	0.10	0.10	0.26

2．企业管理费

企业管理费见表1.3。

表1.3　企业管理费

单位：%

专业	房屋建筑工程	装饰工程	通用安装工程	市政工程	园林工程	绿化工程	土石方工程
计费基数	人工费＋施工机具使用费						
费率	28.27	14.19	18.86	25.61	17.89	6.58	15.42

3．利润

利润见表1.4。

表1.4　利润

单位：%

专业	房屋建筑工程	装饰工程	通用安装工程	市政工程	园林建筑工程	绿化工程	土石方工程
计费基数	人工费＋施工机具使用费						
费率	19.73	14.64	15.31	19.32	18.15	3.57	9.42

4．规费

规费见表1.5。

表 1.5 规费 单位：%

专业	房屋建筑工程	装饰工程	通用安装工程	市政工程	园林建筑工程	绿化工程	土石方工程
计费基数	人工费＋施工机具使用费						
费率	26.85	10.15	11.97	26.34	11.78	10.67	11.57
其中 社会保险费	20.08	7.58	8.94	19.70	8.78	8.50	8.65
养老保险金	12.68	4.87	5.75	12.45	5.65	5.55	5.49
失业保险金	1.27	0.48	0.57	1.24	0.56	0.55	0.55
医疗保险金	4.02	1.43	1.68	3.94	1.65	1.62	1.73
工伤保险金	1.48	0.57	0.67	1.45	0.66	0.52	0.61
生育保险金	0.63	0.23	0.27	0.62	0.26	0.26	0.27
住房公积金	5.29	1.91	2.26	5.19	2.21	2.17	2.28
工程排污费	1.48	0.66	0.77	1.45	0.79	—	0.64

注：绿化工程规费中不含工程排污费。

5．增值税

增值税见表 1.6。

表 1.6 增值税 单位：%

增值税计税基数	不含税工程造价（一般计税法）
税率	9

（二）简易计税法费率标准

1．总价措施费

（1）安全文明施工费

安全文明施工费见表 1.7。

表 1.7 安全文明施工费 单位：%

专业	房屋建筑工程	装饰工程	通用安装工程	市政工程	园林工程	绿化工程	土石方工程
计费基数	人工费＋施工机具使用费						
费率	13.63	5.38	9.28	12.37	4.30	1.74	6.19
其中 安全施工费	7.71	3.05	3.66	3.94	2.33	0.94	1.89
文明施工费 环境保护费	3.15	1.19	2.02	5.38	1.19	0.48	2.58
临时设施费	2.77	1.14	3.60	3.05	0.78	0.32	1.72

（2）其他总价措施费

其他总价措施费见表1.8。

表 1.8　其他总价措施费　　　　　　　　　　　单位：%

专业	房屋建筑工程	装饰工程	通用安装工程	市政工程	园林工程	绿化工程	土石方工程
计费基数	人工费＋施工机具使用费						
费率	0.70	0.60	0.66	0.90	0.49	0.49	1.21
夜间施工费	0.16	0.14	0.15	0.18	0.13	0.13	0.30
二次搬运费	按施工组织设计						
冬雨季施工增加费	0.40	0.34	0.38	0.54	0.26	0.26	0.67
工程定位复测费	0.14	0.12	0.13	0.18	0.10	0.10	0.24

2．企业管理费

企业管理费见表1.9。

表 1.9　企业管理费　　　　　　　　　　　单位：%

专业	房屋建筑工程	装饰工程	通用安装工程	市政工程	园林工程	绿化工程	土石方工程
计费基数	人工费＋施工机具使用费						
费率	28.22	14.18	18.83	25.46	17.88	6.55	14.51

3．利润

利润见表1.10。

表 1.10　利润　　　　　　　　　　　单位：%

专业	房屋建筑工程	装饰工程	通用安装工程	市政工程	园林工程	绿化工程	土石方工程
计费基数	人工费＋施工机具使用费						
费率	19.70	14.63	15.29	19.21	18.14	3.55	8.87

4．规费

规费见表1.11。

表 1.11 规费 单位：%

专业	房屋建筑工程	装饰工程	通用安装工程	市政工程	园林工程	绿化工程	土石方工程
计费基数	人工费 + 施工机具使用费						
费率	26.79	10.14	11.96	26.20	11.77	10.62	10.90
社会保险费	20.04	7.57	8.93	19.60	8.77	8.46	8.14
养老保险金	12.66	4.87	5.74	12.38	5.64	5.52	5.17
失业保险金	1.27	0.48	0.57	1.24	0.56	0.55	0.52
医疗保险金	4.01	1.43	1.68	3.92	1.65	1.61	1.63
工伤保险金	1.47	0.56	0.67	1.44	0.66	0.52	0.57
生育保险金	0.63	0.23	0.27	0.62	0.26	0.26	0.25
住房公积金	5.28	1.91	2.26	5.16	2.21	2.16	2.15
工程排污费	1.47	0.66	0.77	1.44	0.79	—	0.61

注：绿化工程规费中不含工程排污费。

5．增值税

增值税见表 1.12。

表 1.12 增值税 单位：%

计税基数	不含税工程造价（简易计税法）
征收率	3

四、清单计价模式下的费用构成

（一）说明

1）工程量清单指载明建设工程分部分项工程项目、措施项目、其他项目的名称和相应数量以及规费、税金项目等内容的明细清单。

2）工程量清单计价是指投标人完成由招标人提供的工程量清单所需的全部费用，包括分部分项工程费、措施项目费、其他项目费、规费、税金。

3）综合单价是指完成一个规定清单项目所需的人工费、材料和工程设备费、施工机具使用费和企业管理费、利润以及一定范围内的风险费用。

4）措施项目清单包括总价措施项目清单和单价措施项目清单。单价措施项目清单计价的综合单价，按消耗量定额，结合工程的施工组织设计或施工方案计算。总价措施项目清单计价按本定额中规定的费率和计算方法计算。

5）采用工程量清单计价招投标的工程，在编制招标控制价时，应按《湖北省建筑安装工程费用定额》（2018）规定的费率计算各项费用。

6）暂列金额、专业工程暂估价、总承包服务费、结算价和以费用形式表示的索赔与现场签证费均不含增值税。

（二）计算程序

1）分部分项工程及单价措施项目综合单价计算程序，见表1.13。

表1.13 分部分项工程及单价措施项目综合单价计算程序

序号	费用项目	计算方法
1	人工费	Σ（人工费）
2	材料费	Σ（材料费）
3	施工机具使用费	Σ（施工机具使用费）
4	企业管理费	（1+3）×费率
5	利润	（1+3）×费率
6	风险因素	按招标文件或约定
7	综合单价	1+2+3+4+5+6

2）总价措施项目费计算程序，见表1.14。

表1.14 总价措施项目费计算程序

序号	费用项目		计算方法
1	分部分项工程和单价措施项目费		Σ（分部分项和单价措施项目费）
1.1	其中	人工费	Σ（人工费）
1.2		施工机具使用费	Σ（施工机具使用费）
2	总价措施项目费		2.1+2.2
2.1	安全文明施工费		（1.1+1.2）×费率
2.2	其他总价措施项目费		（1.1+1.2）×费率

3）其他项目费计算程序，见表1.15。

表 1.15 其他项目费计算程序

序号	费用项目		计算方法
1	暂列金额		按招标文件
2	专业工程暂估价 / 结算价		按招标文件 / 结算价
3	计日工		3.1+3.2+3.3+3.4+3.5
3.1	其中	人工费	Σ （人工价格 × 暂定数额）
3.2		材料费	Σ （材料价格 × 暂定数额）
3.3		施工机具使用费	Σ （机械台班单价 × 暂定数额）
3.4		企业管理费	（3.1+3.3）× 费率
3.5		利润	（3.1+3.3）× 费率
4	总包服务费		4.1+4.2
4.1	其中	发包人发包专业工程	Σ （项目价值 × 费率）
4.2		发包人提供材料	Σ （材料价值 × 费率）
5	索赔与现场签证费		Σ （价格 × 数量）/ Σ 费用
6	其他项目费		1+2+3+4+5

4）单位工程造价计算程序，见表 1.16。

表 1.16 单位工程造价计算程序

序号	费用项目		计算方法
1	分部分项工程和单价措施项目费		Σ （分部分项工程和单价措施项目费）
1.1	其中	人工费	Σ （人工费）
1.2		施工机具使用费	Σ （施工机具使用费）
2	总价措施项目费		Σ （总价措施项目费）
3	其他项目费		Σ （其他项目费）
3.1	其中	人工费	Σ （人工费）
3.2		施工机具使用费	Σ （施工机具使用费）
4	规费		（1.1+1.2+3.1+3.2）× 费率
5	增值税		（1+2+3+4）× 税率
6	含税工程造价		1+2+3+4+5

五、定额计价模式下的费用构成

（一）说 明

1）定额计价是以全费用基价表中的全费用为基础，依据《湖北省建筑安装工程费用定额》（2018）的计算程序计算的工程造价。

2）材料市场价格是指发、承包人双方认定的价格，也可以是当地建设工程造价管理机构发布的市场信息价格，双方应在相关文件上约定。

3）人工发布价、材料市场价格、机械台班价格计入全费用。

4）包工不包料工程、计时工按定额计算出的人工费的 25% 计取综合费用。综合费用包括总价措施项目费、企业管理费、利润和规费。

5）总包服务费和以费用形式表示的索赔与现场签证费均不含增值税。

6）二次搬运费按施工组织设计计取。

（二）计算程序

单位工程造价计算程序，见表 1.17。

表 1.17 单位工程造价计算程序

序号	费用项目		计算方法
1	分部分项工程和单价措施项目费		1.1+1.2+1.3+1.4+1.5
1.1	其中	人工费	Σ（人工费）
1.2		材料费	Σ（材料费）
1.3		施工机具使用费	Σ（施工机具使用费）
1.4		费用	Σ（费用）
1.5		增值税	Σ（增值税）
2	其他项目费		2.1+2.2+2.3
2.1	总包服务费		项目价值×费率
2.2	索赔与现场签证费		Σ（价格×数量）/Σ 费用
2.3	增值税		（2.1+2.2）×税率
3	含税工程造价		1+2

六、全费用基价表清单计价的费用构成

（一）说 明

1）工程造价计价活动中，可以根据需要选择全费用清单计价方式。全费用计价依据下面的计算程序，需要明示相关费用的，可根据全费用基价表中的人工费、材料费、施工机具使用费和本定额的费率进行计算。

2）选择全费用清单计价方式，可根据投标文件或实际的需求，修改或重新设计适合全费用清单计价方式的工程量清单计价表格。

3）暂列金额、专业工程暂估价、结算价和以费用形式表示的索赔与现场签证费均不含增值税。

（二）计算程序

1）分部分项工程及单价措施项目综合单价计算程序，见表 1.18。

表 1.18 分部分项工程及单价措施项目综合单价计算程序

序号	费用项目	计算方法
1	人工费	Σ（人工费）
2	材料费	Σ（材料费）
3	施工机具使用费	Σ（施工机具使用费）
4	费用	Σ（费用）
5	增值税	Σ（增值税）
6	综合单价	1+2+3+4+5

2）其他项目费计算程序，见表 1.19。

表 1.19 其他项目费计算程序

序号	费用项目		计算方法
1	暂列金额		按招标文件
2	专业工程暂估价		按招标文件
3	计日工		3.1+3.2+3.3+3.4
3.1	其中	人工费	Σ（人工价格×暂定数量）
3.2		材料费	Σ（材料价格×暂定数量）
3.3		施工机具使用费	Σ（机械台班价格×暂定数量）
3.4		费用	(3.1+3.3)×费率
4	总包服务费		4.1+4.2
4.1	其中	发包人发包专业工程	Σ（项目价值×费率）
4.2		发包人提供材料	Σ（材料价值×费率）
5	索赔与现场签证费		Σ（价格×数量）/Σ费用
6	增值税		(1+2+3+4+5)×税率
7	其他项目费		1+2+3+4+5+6

注：3.4 中费用包括管理费、利润、规费。

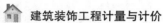

3）单位工程造价计算程序，见表 1.20。

表 1.20　单位工程造价计算程序

序号	费用项目	计算方法
1	分部分项工程和单价措施项目费	Σ（全费用单价 × 工程量）
2	其他项目费	Σ（其他项目费）
3	单位工程造价	1+2

■ 本节学习提示

　　本节通过熟悉工程造价的费用划分及构成，掌握工程造价不同计价模式下的计算程序，重点掌握清单计价模式下的计算程序及取费标准。本书取费标准参考《湖北省建筑安装工程费用定额》（2018），在学习过程要灵活运用不同地区不同时段的费用定额，理解工程造价的政策性、区域性，做到举一反三，从而正确确定工程造价。

工程量清单计价

　　在工程招标环节会接触到工程量清单，发包方通过工程量清单可以使承包方在一个公开、公正的平台进行清单项目的报价，最终形成投标报价。同时发包方还会根据工程量清单编制一份招标控制价，以控制建设投资。什么是工程量清单？什么是招标控制价？什么是投标报价？它们的编制又需要遵循什么样的规范？分别有哪些表格要填写？怎么填写？这些是本章要学习的内容。

　　从表面上看，工程量清单虽然只是招标文件中的文件之一，但它涉及对建设体制、建设制度、法规的理解，对清单的编制原则、清单的审定、清单报价的熟知，对评标方式与结果、合同管理过程、索赔与结算的执行等诸多方面的环节。因此，无论是编制工程量清单，还是准确地对其报价，都是工程造价人员必须掌握的技能。

■知识目标

1. 熟悉工程量清单计价的相关术语。
2. 熟悉工程量清单的编制内容。
3. 熟悉招标控制价的编制流程及相关规定。
4. 熟悉投标报价的编制流程及相关规定。
5. 熟悉综合单价的编制方法。

■能力要求

1. 能够编制工程量清单。
2. 能够编制招标控制价。
3. 能编制投标报价。
4. 能准确计算综合单价。

■规范标准

1. 《建设工程工程量清单计价规范》（GB 50500—2013）。
2. 《房屋建筑与装饰工程工程量计算规范》（GB 50854—2013）。
3. 《湖北省房屋建筑与装饰工程消耗量定额及全费用基价表》（2018）。
4. 《湖北省建筑安装工程费用定额》（2018）。

第一节 工程量清单概述

▌学习目标

1. 熟悉工程量清单的概念。
2. 掌握工程量清单的编制内容。
3. 掌握工程量清单的编制方法。

▌能力要求

能正确编制完整的工程量清单。

一、工程量清单编制

（一）工程量清单编制规定

编制工程量清单首先要了解工程量清单的概念，掌握编制工程量清单的相关规定及编制内容。

工程量清单是按照招标要求和施工设计图纸，将拟建招标工程的全部项目和内容，依据统一的工程量计算规则和分项要求，计算分部分项工程实物量，列出清单，作为招标文件的重要组成部分，提供给投标单位，便于投标单位填写报单价、计算工程造价的数量明细清单。这些明细清单不仅标注有项目名称、计量单位与工程数量，还包含了项目编码、项目特征描述；不仅能反映工程量的多少，还能通过项目特征来描述工程任务的相关特性与要求，加深承包商对发包的各分项工程特征、计量单位与数量的理解。显然，工程量清单是发包与承包工程任务、进行工程交易活动的基础性数据信息文件，是发包承包双方招投标活动中传递与沟通工程信息的重要工具，也是形成工程量清单报价与计价方式的决定性因素。简而言之，工程量清单是具有特定内涵的描述工程量数量与数据信息特性的表单。

招标人发出的招标清单，不仅是招标人编制招标控制价的依据，也是投标方进行报价的依据，还是竣工结算时调整造价的依据。因此，招标清单应由具有编制能力的招标人，或委托具有相应资质的造价咨询机构进行编制。工程量清单的准确性和完整性由招标人负责，投标人依据工程量清单进行投标报价，对工程量清单不负有核实义务，更没有修改和调整的权利。

（二）工程量清单编制的原则

1）符合《清单计价规范》（GB 50500—2013）的原则。项目分项类别、分项名称、清单分项编码、计量单位、项目特征、工作内容等，都必须符合《清单计价规范》（GB 50500—2013）的规定和要求。

2）符合工程量实物分项与描述准确的原则。工程量清单是对招标人和投标人都有很强约束力的重要文件，专业性强、内容复杂，对编制人的业务技术水平和能力要求高，能否编制出完整、严谨、准确的工程量清单，是招标成败的关键。工程量清单是传达招标人要求，便于投标人响应和完成招标工程实体、工程任务目标及响应分项工程数量，全面反映投标报价要求的直接依据。因此，招标人向投标人所提供的清单，必须与设计的施工图纸相符合，能充分体现设计意图，充分反映施工现场的现实施工条件，为投标人能够合理报价创造有利条件，贯彻互利互惠的原则。

3）工作认真审慎的原则。应当认真学习《清单计价规范》（GB50500—2013）、相关政策法规、工程量计算规则、施工图纸、工程地质与水文资料和相关的技术资料等，熟悉施工现场情况，注重现场施工条件分析。对初定的工程量清单的各个分项，按有关的规定进行认真核对、审核，避免错漏项、少算或多算工程数量等现象发生，对措施项目与其他措施工程量项目清单也应当认真反复核实，最大限度地减少人为因素所造成的错误。做到不留缺口，防止日后追加工程投资，增加工程造价。

（三）工程量清单编制依据

工程量清单编制依据有：
1）《清单计价规范》（GB 50500—2013）。
2）《工程量计算规范》（GB 50854—2013）。
3）国家或省级、行业建设主管部门颁发的计价定额和办法。
4）设计文件及与建设工程有关的标准、规范、技术资料。
5）拟定的招标文件。
6）施工现场情况、地勘水文资料、工程特点及常规的施工方案。
7）其他相关资料。

二、工程量清单的组成要素

工程量清单以单位（项）工程为单位编制，由分部分项工程量清单、措施项目清单、其他项目清单、规费项目清单和税金项目清单组成。

工程量清单编制程序与步骤如图 2.1 所示。

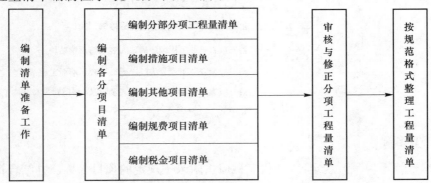

图 2.1 工程量清单编制程序与步骤示意图

（一）分部分项工程量清单

分部工程是单位工程的组成部分，是按结构部位、路段长度及施工特点或施工任务将单位工程划分为若干分部的工程；分项工程是分部工程的组成部分，是按不同的施工方法、材料、工序等特点，将分部工程划分为若干个分项的工程。

分部分项工程量清单必须载明项目编码、项目名称、项目特征、计量单位、工程量这五个要件。

1. 项目编码

工程量清单的项目编码主要是指分部分项工程和措施项目清单名称的数字标识，《工程量计算规范》对分部分项工程量清单和措施项目清单编码做了严格科学的规定，并作为必须遵循的规定条款。

《工程量计算规范》规定："分部分项工程量清单的项目编码应采用十二位阿拉伯数字表示。一至九位按附录规定设置，同一招标工程项目编码不得有重码，一个项目编码由五级组成"。《工程量计算规范》对清单项目编码规定了表示方式，十二位阿拉伯数字及其设置规定如下。

各位数字的含义是：一、二位为专业工程代码（01—房屋建筑与装饰工程；02—仿古建筑工程；03—通用安装工程；04—市政工程；05—园林绿化工程；06—矿山工程；07—构筑物工程；08—城市轨道交通工程；09—爆破工程。以后进入国标的专业工程代码以此类推）；三、四位为专业附录分类顺序码；五、六位为分部工程顺序码；七、八、九位为分项工程项目名称顺序码；十至十二位为清单项目名称顺序码。十至十二位根据拟建工程的工程量清单项目名称设置，从001开始顺序设置。当同一标段（或合同段）的一份工程量清单中含有多个单位工程且工程量清单是以单位工程为编制对象时，在编制工程量清单时应特别注意对项目编码十至十二位的设置不得有重码的规定。

清单项目编码示意图，如图2.2所示。

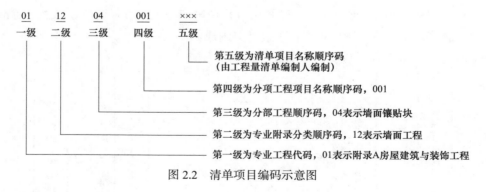

图2.2　清单项目编码示意图

2. 项目名称

《工程量计算规范》规定："项目名称应按附录中规定的项目名称，并结合拟建工程实际确定。"

项目名称原则上以形成工程实体而命名，不得变动。例如：拼花石材楼地面，编码为 011102001，在清单项目设置时，项目名称仍为石材楼地面，而不应编为拼花石材楼地面，拼花可在项目特征中予以描述。

3．项目特征

《工程量计算规范》规定："分部分项工程量清单项目特征应按附录中规定的项目特征，结合拟建工程实际予以描述。"

分部分项工程量清单项目特征是确定其综合单价的重要依据，同一个项目名称，由于材料品种、型号、规格、材料特性不同，直接导致综合单价差别甚大。同样，项目特征的描述也是对承包商确定综合单价、采用施工材料和施工方法及其相应辅助施工工作的指引，并与施工质量、消耗、效率有着密切关系。但是，有些在《工程量计算规范》规定中未涉及的其他独有特征，由清单编制人根据项目具体情况确定，以准确描述清单项目为准。还有的项目特征用文字往往难以确定和全面地描述清楚，为达到规范、简洁、准确、全面描述项目特征的要求，可采用详见 ×× 标准图集或施工图纸 ×× 图进行补充。

4．计量单位

《工程量计算规范》规定："分部分项工程量清单的计量单位应按附录中规定的计量单位确定。"当《工程量计算规范》中计量单位有两个或两个以上时，应根据所编工程量清单项目的特征要求，结合计价工程量的计量单位，选择最适宜表现该项目特征并方便计量的单位。

计量单位应采用基本单位，如 m、m^2、m^3、t、kg、个、项。

5．工程量

工程量清单中所列的工程量应按照附录中的计算规则来计算。

《工程量计算规范》还对工程量的有效位数作如下规定：

1）以 t 为单位，应保留小数点后三位，第四位四舍五入。

2）以 m、m^2、m^3、kg 为单位，应保留小数点后二位，第三位四舍五入。

3）以个、项等为单位，应取整数。

（二）措施项目清单

1．措施项目清单的概念

措施项目清单是指"为完成项目施工，发生于该工程施工准备和施工过程中的技术、生活、安全、环境保护等方面的非工程实体项目"的列项明细。

2．措施项目的分类

措施项目应根据拟建工程的具体情况列项，项目清单以"项"为计量单位的，也称为总价措施项目，如安全文明施工费、夜间施工增加费等，总价措施项目清单若出现规范未列的项目，可根据实际情况补充。

措施项目中可以计算工程量的项目清单，也称为单价措施项目，宜采用分部分项工程量清单编制的方式，列出项目编码、项目名称、项目特征、计量单位，遵循工程量计算规则计算工程量，例如模板工程、脚手架工程。

3. 编制措施项目清单注意事项

1）要求编者熟悉施工组织设计、施工技术方案，理解施工规范、验收规范，且具备丰富的实践经验，熟悉和掌握《工程量计算规范》对措施项目的划分规定和要求。

2）编制措施项目清单应与编制分部分项工程量清单综合考虑，与分部分项工程量紧密相连的措施项目可同步进行编制，如模板工程。

3）编制措施项目清单应与拟定的重难点分部分项施工方案结合，以保证所拟措施项目划分和描述的可行性。

（三）其他项目清单

其他项目清单应根据工程具体情况，参照暂列金额、暂估价、计日工、总承包服务费等内容列项。

由于工程建设标准高低、工程的复杂程度、工程工期长短、工程的发包形式都直接影响其他项目清单的具体内容，因此其他项目清单要结合工程具体情况进行编制，不足部分，可进行补充。

1. 暂列金额

暂列金额是指招标人在工程量清单中暂定并包括在合同价款中的一笔款项，用于施工合同签订时尚未确定或者不可预见的所需材料、设备、服务的采购，或施工中可能发生的工程变更、合同约定调整因素出现时的工程价款调整以及发生的索赔、现场签证确认等费用。

暂列金额包括在合同价之内，但并不直接属承包人所有，而是由发包人暂定并掌握使用的一笔款项。

2. 暂估价

暂估价是指招标人在工程量清单中提供的用于支付必然发生但暂时不能确定价格的材料的单价以及专业工程的金额。

3. 计日工

计日工是指在施工过程中，施工企业完成发包人提出的施工图纸以外的零星项目或工作，按合同中约定的综合单价计价。计日工是对零星项目或工作采取的一种计价方式。

4. 总承包服务费

总承包人为配合、协调发包人进行的工程发包、对甲方自行采购的设备、材料等进行管理、服务以及施工现场管理、竣工资料汇总整理等服务所需的费用。

总承包服务费的计取应遵循以下规定：

1）总承包单位有能力承担的分部分项工程，由建设单位分包给其他施工单位的，总承包单位应向建设单位收取此项费用。

2）总承包单位未向分包单位提供服务的，或由总承包单位分包给其他施工单位的，不应收取此项费用。

（四）规费项目清单

规费是根据国家法律、法规的规定，由省级政府和省级有关权力部门规定必须缴纳的，应计入建筑安装工程造价的费用。规费为不可竞争性费用。

规费项目清单包括：工程排污费、社会保险费（包括养老保险费、失业保险费、医疗保险费、生育保险费、工伤保险费）、住房公积金。

若出现《清单计价规范》未列项目，应根据省级政府和省级有关权力部门规定列项。

（五）税金项目清单

税金是按国家税法规定的应计入建筑安装工程的税费，属于不可竞争性费用。税金项目清单包括：增值税、城市维护建设税、教育费附加、地方教育费附加。

若出现《清单计价规范》未列项目，应根据税务部门规定列项。

▌本节学习提示

在本节学习过程中，应先掌握工程量清单的组成，能熟练地根据各类清单的编制方法编制清单，编制过程中思考各清单的费用构成。分部分项工程量清单是其他相关清单形成的基础，因此分部分项工程量清单是本节的学习重点。

第二节　单位工程造价文件

▌学习目标

1. 熟悉不同建设阶段所对应的造价文件形式。
2. 掌握招标控制价文件的编制要点。
3. 掌握投标报价文件的编制要点。
4. 掌握招标控制价、投标报价的本质区别。

▌能力要求

1. 能正确编制招标控制价文件。
2. 能正确编制投标报价文件。
3. 能明确招标控制价与投标报价的区别。

不同建设阶段对应不同的造价文件形式，造价要求的精度也各不相同，本书针对单位工程招投标阶段，重点介绍招标控制价和投标报价的编制。

一、招标控制价

（一）招标控制价文件编制规定

1. 一般规定

为了客观合理地评审投标报价，避免哄抬标价，造成国有资产流失，国有资金投资的建设项目，招标人必须编制招标控制价，作为最高投标限价。招标工程的招标控制价应作为招标文件一起发放给投标人，招标控制价的编制工作应按规定进行。

（1）确定招标控制价的编制单位

招标控制价必须由具有资质的招标人自行编制或委托具有相应资质的工程造价咨询单位、招标代理机构等单位代理编制。

招标控制价的编制人员须持有注册造价师执业资格证书。

招标代理机构接受招标人委托编制招标控制价，不得再就同一工程接受投标人委托编制投标报价。

（2）编制招标控制价应提供的资料

1）全套施工图纸及现场地质、水文、地上情况的有关资料。

2）其他文件（包括补充、修改、施工方案要求等），现行工程预算定额、基价表、工期定额、工程项目计价类别及取费标准、国家或地方有关价格调整文件规定等。

2. 招标控制价的编制原则

1）根据国家公布的统一工程项目划分、统一计量单位、统一计算规则以及施工图纸、招标文件，并参照国家、省（自治区、直辖市）制订的基础定额和与之配套的文件和国家、行业、地方规定的技术标准规范，以及生产要素市场的价格确定工程量和编制招标控制价。

2）招标控制价应由成本、利润、税金等组成，一般应控制在批准的总概算（或修正概算）及投资包干的限额内。

3）招标控制价编制人应及时掌握招标文件的修改、澄清、答疑及现场勘察等资料和情况。

4）招标控制价不同于标底，无需保密。为体现招标的公平、公正性，防止招标人有意抬高或压低工程造价，招标人应在招标文件中如实公布招标控制价，不得对所编制的招标控制价进行上浮或下调，并将招标控制价报送工程所在地的造价管理机构进行备案。

（二）招标控制价的编制

1．招标控制价的编制依据

1）《清单计价规范》（GB 50500—2013）。
2）《工程量计算规范》（GB 50854—2013）。
3）国家或省级、行业建设主管部门颁发的计价定额和办法。
4）设计文件及与建设工程有关的标准、规范、技术资料。
5）拟定的招标文件及招标工程量清单。
6）施工现场情况、地勘水文资料、工程特点及常规的施工方案。
7）工程造价管理机构发布的工程造价信息及参考市场价。
8）其他相关资料。

2．注意事项

1）分部分项工程应根据拟定的招标文件和工程量清单中的项目特征描述准确确定综合单价。为了使招标控制价与投标报价所包含的内容一致，综合单价中应包括招标文件中划分的，应由投标人承担的风险范围及其费用。

2）措施项目中的总价措施项目应根据拟定的招标文件和常规的施工方案计价，其中安全文明施工费为不可竞争性费用。

3）其他项目清单按下列规定计价：

① 暂列金额按招标文件规定计取方法或金额填写。

② 暂估价中的材料、工程设备单价应按招标工程量清单中列出的单价计入综合单价。

③ 暂估价中的专业工程金额应按招标工程量清单中列出的金额填写。

④ 计日工按照招标工程量清单列出的数量，根据工程特点和工作内容计算综合单价。

⑤ 总承包服务费根据分包工程价值和提供的服务内容进行估算。

4）规费和税金作为不可竞争性费用，按招标工程量清单中列出的项目计取。

二、投标报价

在某个工程项目进行招标中，中标价格和报价高低是投标企业最为关心的。投标报价是学习装饰装修工程中施工单位如何报价、业主怎样选择适宜的报价的基础。

（一）投标报价编制的相关规定

投标报价是投标人参与工程项目投标时报出的工程造价，是投标人按照招标文件要求以及有关计价规定，依据发包人提供的工程量清单、施工图设计图纸，结合工程特点、施工现场情况及企业自身的施工技术、管理水平等，自主确定工程造价的过程。

编制投标报价时应遵循以下规定：

1）投标报价中措施项目的安全文明施工费、规费、税金为不可竞争性费用。

2）投标报价高于招标控制价的，作废标处理；投标报价明显低于成本价或招标控制价的，作废标处理。

3）投标人在投标报价中填写的工程量清单的项目编码、项目名称、项目特征、计量单位、工程数量必须与招标人在招标文件中提供的一致。

（二）投标报价的编制与审核

1．投标报价的编制依据

1）《清单计价规范》（GB 50500—2013）。

2）《工程量计算规范》（GB 50854—2013）。

3）国家或省级行业建设主管部门颁发的计价定额和办法。

4）招标文件、招标工程量清单及补充通知、现场答疑纪要。

5）建设工程设计文件及相关资料。

6）施工现场情况、工程特点及投标时拟定的施工组织设计或施工方案。

7）与建设项目相关的标准、规范等技术资料。

8）工程造价管理机构发布的工程造价信息及参考市场价。

9）其他相关资料。

2．投标报价的编制程序

建筑装饰工程中的投标报价工作是一个复杂系统工程，会涉及多部门、多人员的合作，是一项团队工作，任何一方的失误都有可能造成废标。但在现行的工程量清单计价模式下，投标报价的编制也有一定的规律可循，投标报价应遵循下列程序。

（1）分析研究招标文件

单位报名参加或接受邀请参加某一工程的投标，取得招标文件后，首要的工作就是认真仔细地研究招标文件，充分理解招标文件和建设单位的意图，使投标文件满足招标文件要求，确保投标有效。招标文件是整个招标过程所遵循的基础文件，是投标与评标的基础，也是合同的重要组成部分。一般情况下，招标人与投标人之间不进行或进行有限的面对面交流，投标人只能根据招标文件的要求编写投标文件，因此，招标文件是招标人与投标人联系、沟通的桥梁。

（2）调查、现场勘察及答疑

1）调查建设单位。调查建设单位本身及其所委托的设计、咨询单位。调查了解的内容包括：招标工程的各项审批手续是否齐全，招标工程的资金来源、限额；建设单位履约诚信度、建设单位项目管理的机构组织；对于设计单位，尤其是该项目设计人员的设计能力。

2）现场勘察。现场勘察是招投标过程中不可或缺的一环。凡是不能直接从招标文件了解和确定，而对投标报价结果有影响的内容，都要尽可能通过工程现场勘察来了解和确定。投标报价前，必须认真、全面对工程现场进行勘察，了解工地及其周围的经济、地理、地质、气候、施工条件等方面的情况。

3）竞争对手调查。要了解参与本工程投标竞争的公司有哪些，这些公司的规模和实力、经营状态和经营方式、管理水平和技术水平怎样，有哪些报价的习惯。要对竞争对手的能力进行综合分析，特别要注意主要竞争对手从事工程承包的历史和近年来所承包的工程，尤其是与该招标工程类似的工程以及他们与当地政府和建设单位的关系等问题。

4）答疑会议。召开答疑会议的目的是为了使建设单位澄清投标施工单位的疑问，回答投标施工单位提出的各类问题。如果投标施工单位有问题要提出，应在召开答疑会议前，在规定的时间内以书面或电传形式发出。建设单位将对提出的问题以及答疑会议的记录，以书面答复的形式发给每个投标施工单位，并作为正式招标文件的一部分。

施工单位应根据各种调查结果和答疑会议的内容，进一步分析招标文件。

（3）复核工程量

工程量清单的精细程度主要取决于设计深度，其与图纸相对应，也与合同类型有关。

工程量清单的最重要的作用之一是供投标施工单位报价，为投标者提供一个共同的竞争性基础，也是评标的基础。从某种意义上说，确定好的工程量清单报价是投标书内容的最重要的部分。

1）工程量的复核。复核工程量，若发现误差较大，应要求建设单位澄清，但不得擅自改动工程量。

工程量的复核还需要视建设单位是否允许对工程量清单内所列工程量的误差进行调整来决定校核办法。如果允许调整，就要详细审核工程量清单内所列各工程项目的工程量，对有较大误差的，通过建设单位答疑会提出调整意见，取得建设单位同意后进行调整。不允许调整工程量的，无需对工程量进行详细的复核，只对主要项目或工程量大的项目进行复核，发现这些项目有较大误差时，可以利用调整这些项目单价的方法解决。

2）暂列金额、计日工报价的复核。暂列金额是招标人为可能发生的工程量变更而预留的金额，不会损害施工单位利益。但预先了解其内容、要求，有利于施工单位统筹安排施工，可能降低其他分项工程的实际成本。

计日工是指在工程实施过程中，建设单位有一些临时性的或新增的但未列入工程量清单的工作，这些工作需要使用人工、材料、机械。投标者应对计日工报出单价和总价。

（4）投标报价分析与计算汇总

在投标报价计算的准备工作完成后，要进行综合单价及税费计算、工程量清单项目计价表计算与汇总、投标报价分析与报价决策确定、正式的工程量清单项目报价表编制等工作。其中，有关综合单价的内容构成与表示方式、工程量清单报价表的填写等必须遵照《清单计价规范》和招标文件要求执行。

▌本节学习提示

本节学习要招标控制价与投标报价的本质区别，重点从编制依据、编制主体、编制方法及程序上进行对比归纳。

第三节　综合单价分析

▌学习目标

1. 熟悉综合单价的概念。
2. 掌握综合单价的编制内容。
3. 掌握综合单价的编制方法。

▌能力要求

能正确编制综合单价。

在清单计价模式下，由于工程量清单是由建设方提供的，因此承包方的工作是审核清单，研究项目特征，并合理报价。从清单计价格式中可以看出，综合单价组价分析是清单计价的首要工作，综合单价的确定是工程投标报价成功与否的关键。

一、综合单价的概念

综合单价是指完成一个规定计量单位的分部分项工程量清单项目或措施项目所需的人工费、材料费、机械费、企业管理费和利润，以及一定范围内的风险费用。

二、综合单价的编制

确定分部分项工程量清单项目综合单价最重要的依据是该清单项目的项目特征描述和工作内容。

（一）综合单价的编制依据

1. 工程量清单

工程量清单全面提供了相应清单项目所包含的项目特征，它是组价的依据。

2. 投标文件

投标文件对组价内容进行了明确规定，比如是否由业主供应材料等。

3. 定额

企业定额是企业自主报价的主要依据，也是企业施工管理和施工技术水平的具体表现。目前，在企业定额还未普遍形成之前，现行《全国统一建筑装饰装修消耗量定额》的人工、材料、机械耗用量对组价具有很高的参考价值。

4．施工组织设计及施工方案

施工单位制定的工程总进度计划、施工方案的选择、施工机械和劳动力的配备情况，对组价都有较大的影响，是清单组价的必备条件。

5．以往的报价资料

以往的报价资料可以作为组价的重要参考，施工单位能够根据以往报价和中标情况对新工程报价做适当的调整，有利于投标成功。

6．人工单价、现行材料、机械台班价格信息

人工单价、现行材料、机械台班价格信息都是综合单价组价的基础，询价工作是清单组价的一个不可缺少的环节。

（二）综合单价的组价思路

工程量清单项目的划分是以"综合实体"来划分的，由于工程内容包含预算定额中的多个子目，因此在业主方描述项目特征的同时，还需要根据图纸和招标文件，具体研究工作内容，找出定额子目，这样的报价组合才会更为科学。所以综合单价反映的是一个"综合实体"所包含的所有工程内容的单价。

计算步骤（单价法）如下：

1）分析每个清单项的工作内容组成（也就是定额子目）。

2）计算各个工作内容（定额子目）的计价工程量。

3）计算比值，$K=$ 计价工程量 / 清单工程量 × 定额单位。

4）根据比值 K，乘以定额基价，计算各项工作内容（定额子目）的人工、材料、机械、管理费、利润。

5）汇总各项工作内容（定额子目）的费用，计算清单项目的综合单价。

三、综合单价计算案例

【例 2.1】某老干部活动中心天棚铝合金龙骨安装平顶（不上人型），面板为 600mm×1200mm 矿棉板，清单工程量为 82.08m²，计价工程量见表 2.1，参考《湖北省房屋建筑与装饰工程消耗定额及全部费用基价表》（2018）（表 2.2），运用广联达计价软件 GCCP5.0，根据以上描述计算该分项工程的综合单价。管理费费率为 14.19%，利润费率为 14.64%。

表 2.1　例 2.1 计价工程量

定额编号	项目名称	工程数量
A12-41	铝合金龙骨（平面）	82.08m²
A12-88	矿棉板天棚面层	82.08m²

表 2.2　例 2.1 统一消耗量定额参考表

定额编号	人工费 / 元	材料费 / 元	机械费 / 元
A12-41（100m²）	1441.00	2849.16	0
A12-88（100m²）	1106.94	4042.5	0

　　综合单价的组成：综合单价由人工费、材料费、机械费、企业管理费和利润组成。
　　清单分项：该吊顶天棚（101302001001）包含的定额子目由龙骨、面层组成，套用定额子目时，要注意是否需要换算。

解：运用计价软件进行综合单价分析，具体见表 2.3 和表 2.4。

表 2.3　分部分项工程和单价措施项目清单综合单价分析表

工程名称：例 2.1　　　　　　　　　　　　　　　　　　　　　　　　　　第 1 页　共 1 页

序号	项目编码	项目名称	单位	数量	综合单位 / 元					
					人工费	材料费	机械使用费	管理费	利润	小计
	011302001001	吊顶天棚	m²	82.08	25.48	68.92	0	3.62	3.73	101.75
1	A12-41	装配式 T 型铝合金天棚龙骨（不上人）规格（mm）>600×600 平面	100m²	0.8208	1441	2849.16	0	204.48	210.96	4705.6
	A12-88	矿棉板天棚面层搁放在龙骨上	100m²	0.8208	1106.94	4042.5	0	157.07	162.06	5468.57

表 2.4　综合单价分析表

工程名称：例 2.1　　　　　　　　　标段：　　　　　　　　　第 1 页　共 2 页

项目编码	011302001001		项目名称	吊顶天棚	计量单位	m²	工程量	82.08

清单综合单价组成明细

定额编号	定额项目名称	定额单位	数量	单价 / 元				合价 / 元			
				人工费	材料费	机械费	管理费和利润	人工费	材料费	机械费	管理费和利润
A12–41	装配式 T 型铝合金天棚龙骨（不上人）规格（mm）>600×600 平面	100m²	0.01	1441	2849.16	0	415.44	14.41	28.49	0	4.15
A12–88	矿棉板天棚面层搁放在龙骨上	100m²	0.01	1106.94	4042.5	0	319.13	11.07	40.43	0	3.19
人工单价			小计					25.48	68.92	0	7.34
高级技工 212 元 / 工日；技工 142 元 / 工日；普工 92 元 / 工日			未计价材料费					0			
清单项目综合单价								101.75			

材料费明细	主要材料名称、规格、型号	单位	数量	单价 / 元	合价 / 元	暂估单价 / 元	暂估合价 / 元
	矿棉板	m²	1.05	38.5	40.43		
	其他材料费				28.49		
	材料费小计			−	68.92	−	0

思考题 1　如果该面层矿棉板市场价为 66 元 /m²，试列表分析其综合单价。

解：运用计价软件进行综合单价分析，具体见表 2.5 和表 2.6。

表 2.5　分部分项工程和单价措施项目清单综合单价分析表

工程名称：例 2.1 思考题 1　　　　　　　　　　　　　　　　　第 1 页　共 1 页

序号	项目编码	项目名称	单位	数量	综合单位 / 元					
					人工费	材料费	机械使用费	管理费	利润	小计
	011302001001	吊顶天棚	m²	82.08	25.48	97.79	0	3.62	3.73	130.62
1	A12–41	装配式 T 型铝合金天棚龙骨（不上人）规格（mm）>600×600 平面	100m²	0.8208	1441	2849.16	0	204.48	210.96	4705.6
	A12–88	矿棉板天棚面层搁放在龙骨上	100m²	0.8208	1106.94	6930	0	157.07	162.06	8356.07

表 2.6 综合单价分析表

工程名称：例 2.1 思考题 1　　　　　　　　标段：　　　　　　　　第 1 页　共 2 页

项目编码	011302001001	项目名称	吊顶天棚	计量单位	m²	工程量	82.08

<table>
<tr><td colspan="13" align="center">清单综合单价组成明细</td></tr>
<tr>
<td rowspan="3">定额编号</td>
<td rowspan="3">定额项目名称</td>
<td rowspan="3">定额单位</td>
<td rowspan="3">数量</td>
<td colspan="4" align="center">单价 / 元</td>
<td colspan="4" align="center">合价 / 元</td>
</tr>
<tr>
<td>人工费</td>
<td>材料费</td>
<td>机械费</td>
<td>管理费和利润</td>
<td>人工费</td>
<td>材料费</td>
<td>机械费</td>
<td>管理费和利润</td>
</tr>
<tr><td colspan="8"></td></tr>
<tr>
<td>A12-41</td>
<td>装配式 T 型铝合金天棚龙骨（不上人）规格（mm）>600×600 平面</td>
<td>100m²</td>
<td>0.01</td>
<td>1441</td>
<td>2849.16</td>
<td>0</td>
<td>415.44</td>
<td>14.41</td>
<td>28.49</td>
<td>0</td>
<td>4.15</td>
</tr>
<tr>
<td>A12-88</td>
<td>矿棉板天棚面层（搁放在龙骨上）</td>
<td>100m²</td>
<td>0.01</td>
<td>1106.94</td>
<td>6930</td>
<td>0</td>
<td>319.13</td>
<td>11.07</td>
<td>69.3</td>
<td>0</td>
<td>3.19</td>
</tr>
<tr>
<td colspan="4" align="center">人工单价</td>
<td colspan="4" align="center">小计</td>
<td>25.48</td>
<td>97.79</td>
<td>0</td>
<td>7.34</td>
</tr>
<tr>
<td colspan="4">高级技工 212 元 / 工日；技工 142 元 / 工日；普工 92 元 / 工日</td>
<td colspan="4" align="center">未计价材料费</td>
<td colspan="4" align="center">0</td>
</tr>
<tr>
<td colspan="8" align="center">清单项目综合单价 / 元</td>
<td colspan="4" align="center">130.62</td>
</tr>
</table>

材料费明细	主要材料名称、规格、型号	单位	数量	单价 / 元	合价 / 元	暂估单价 / 元	暂估合价 / 元
	矿棉板	m²	1.05	66	69.3		
	其他材料费				28.49		
	材料费小计			–	97.79	–	0

思考题 2 如该吊顶为 U 型轻钢龙骨（不上人型）石膏板跌级天棚，计价工程量见表 2.7，参考《湖北省房屋建筑与装饰工程消耗定额及全部费用基价表》（2018）（表 2.8），试分析其综合单价。

表 2.7 例 2.1 思考题 2 计价工程量表

定额编号	项目名称	工程数量
A12-26	U 型轻钢龙骨（跌级）	82.08m²
A12-91	石膏板天棚面层	109.8m²

表 2.8　例 2.1 思考题 2 消耗量定额参考表

定额编号	人工费/元	材料费/元	机械费/元
A12-26（100m²）	2361.37	3150.70	0
A12-91（100m²）	1511.72	942.09	0

解：运用计价软件进行综合单价分析，具体见表 2.9 和表 2.10。

表 2.9　分部分项工程和单价措施项目清单综合单价分析表

工程名称：例 2.1 思考题 2　　　　　　　　　　　　　　　　　　第 1 页　共 1 页

序号	项目编码	工程项目名称	单位	数量	综合单位/元					
					人工费	材料费	机械使用费	管理费	利润	小计
1	011302001001	吊顶天棚	m²	82.08	49.9	44.11	0	7.08	7.31	108.4
	A12-26	装配式 U 型轻钢天棚龙骨（不上人型）规格（mm）>600×600 跌级	100m²	0.8208	2361.37	3150.7	0	335.08	345.7	6192.85
	A12-91 R×1.3	石膏板天棚面层安在 U 型轻钢龙骨上，跌级天棚其面层人工×1.3	100m²	1.098	1965.24	942.09	0	278.87	287.71	3473.91

表 2.10　综合单价分析表

工程名称：例 2.1 思考题 2　　　　　　标段：　　　　　　　　第 1 页　共 2 页

项目编码	011302001001		项目名称	吊顶天棚	计量单位	m²	工程量	82.08

清单综合单价组成明细

定额编号	定额项目名称	定额单位	数量	单价/元				合价/元			
				人工费	材料费	机械费	管理费和利润	人工费	材料费	机械费	管理费和利润
A12-26	装配式 U 型轻钢天棚龙骨（不上人型）规格（mm）>600×600 跌级	100m²	0.01	2361.37	3150.7	0	680.78	23.61	31.51	0	6.81
A12-91 R×1.3	石膏板天棚面层安在 U 型轻钢龙骨上，跌级天棚其面层人工×1.3	100m²	0.0134	1965.24	942.09	0	566.58	26.29	12.6	0	7.58

续表

人工单价	小计			49.9	44.11	0	14.39
高级技工212元/工日；技工142元/工日；普工92元/工日	未计价材料费			0			
清单项目综合单价				108.4			

材料费明细	主要材料名称、规格、型号	单位	数量	单价/元	合价/元	暂估单价/元	暂估合价/元
	矿棉板	m²	1.405	7.91	11.11		
	其他材料费			–	33	–	0
	材料费小计				44.11	–	0

▌本节学习提示

综合单价是分部分项工程量清单计价的基础，综合单价的准确性直接关系到工程造价的准确与否，因此，我们必须要掌握理解综合单价的形成，多次计算至关重要，熟练掌握后可以运用计价软件进行分析，起到事半功倍的效果。

第四节　工程量清单计价表格填写样式

▎学习目标

1. 熟悉工程量清单计价表格种类。
2. 掌握工程量清单计价表格的填写。

▎能力要求

能正确填写各类工程量清单计价表格。

一、封面

招标工程量清单、招标控制价、投标总价封面封面见表 2.11～表 2.13。

表 2.11　招标工程量清单封面

_____**工程**

招 标 工 程 量 清 单

招　标　人：_____
　　　　　　　（单位盖章）

造价咨询人：_____
　　　　　　　（单位盖章）

年　　　月　　　日

表 2.12 招标控制价封面

_____工程

招 标 控 制 价

招 标 人：_____
（单位盖章）

造价咨询人：_____
（单位盖章）

年 月 日

表 2.13 投标总价封面

_____工程

投 标 总 价

投 标 人：_____

（单位盖章）

年   月   日

二、扉页

招标工程量清单、招标控制价、投标总价扉页见表 2.14~ 表 2.16。

表 2.14 招标工程量清单扉页

＿＿＿＿＿＿＿＿＿＿＿＿＿＿＿＿＿＿工程

招 标 工 程 量 清 单

招 标 人：＿＿＿＿＿＿＿＿＿＿＿   造价咨询人：＿＿＿＿＿＿＿＿＿＿＿

（单位盖章）   （单位资质专用章）

法定代表人＿＿＿＿＿＿＿＿＿＿＿   法定代表人＿＿＿＿＿＿＿＿＿＿＿

或其授权人：＿＿＿＿＿＿＿＿＿＿   或其授权人：＿＿＿＿＿＿＿＿＿＿

（签字或盖章）   （签字或盖章）

编 制 人：＿＿＿＿＿＿＿＿＿＿＿   复 核 人：＿＿＿＿＿＿＿＿＿＿＿

（造价人员签字盖专用章）   （造价工程师签字盖专用章）

编制时间：   年   月   日   复核时间：   年   月   日

表 2.15　招标控制价扉页

_____工程

招 标 控 制 价

招标控制价（小写）：_____

（大写）：_____

招 标 人：_____　　　造价咨询人：_____

（单位盖章）　　　　　　　　　　　　　　　　　（单位资质专用章）

法定代表人_____　　　法定代表人_____

或其授权人：_____　　或其授权人：_____

（签字或盖章）　　　　　　　　　　　　　　　　（签字或盖章）

编 制 人：_____　　　复 核 人：_____

（造价人员签字盖专用章）　　　　　　　　　　　（造价工程师签字盖专用章）

编制时间：　　　年　　月　　日　　　　　复核时间：　　　年　　月　　日

表 2.16 投标总价扉页

投 标 总 价

招　标　人：＿＿＿＿＿＿＿＿＿＿＿＿＿＿＿＿＿＿＿＿＿

工 程 名 称：＿＿＿＿＿＿＿＿＿＿＿＿＿＿＿＿＿＿＿＿＿

投标总价（小写）：＿＿＿＿＿＿＿＿＿＿＿＿＿＿＿＿＿＿＿

　　　　（大写）：＿＿＿＿＿＿＿＿＿＿＿＿＿＿＿＿＿＿＿

投　标　人：＿＿＿＿＿＿＿＿＿＿＿＿＿＿＿＿＿＿＿＿＿

（单位盖章）

法定代表人：＿＿＿＿＿＿＿＿＿＿＿＿＿＿＿＿＿＿＿＿＿

或其授权人：＿＿＿＿＿＿＿＿＿＿＿＿＿＿＿＿＿＿＿＿＿

（签字或盖章）

编　制　人：＿＿＿＿＿＿＿＿＿＿＿＿＿＿＿＿＿＿＿＿＿

（造价人员签字盖专用章）

时间：　　年　月　日

三、总说明

总说明见表 2.17。

表 2.17 总说明

工程名称：   第 页 共 页

总说明按下列内容填写：
一、工程概况：
1. 建设规模。
2. 工程特征。
3. 计划工期。
4. 施工现场实际情况。
5. 自然地理条件、环境保护要求等。
二、工程招标和专业工程发包范围。
三、工程量清单编制依据。
四、工程质量、材料、施工等的特殊要求。
五、其他需要说明的问题。
其他项目清单费计取依据。
编制人： 编制日期：

四、汇总表

汇总表见表 2.18 ～表 2.20。

表 2.18 建设项目招标控制价 / 投标报价汇总表

工程名称：   第 页 共 页

序号	单项工程名称	金额 / 元	其中：		
			暂估价 / 元	安全文明施工费 / 元	规费 / 元
	合计				

注：本表适用于建设项目招标控制价或投标报价的汇总。

表 2.19 单项工程招标控制价 / 投标报价汇总表

工程名称: 第 页 共 页

序号	单项工程名称	金额 / 元	其中:		
			暂估价 / 元	安全文明施工费 / 元	规费 / 元
	合计				

注: 本表适用于单项工程招标控制价或投标报价的汇总。暂估价包括分部分项工程中的暂估价和专业工程暂估价。

表 2.20 单位工程招标控制价/投标报价汇总表

工程名称：   标段：   第 页 共 页

序号	汇总内容	金额/元	其中：暂估价/元
1	分部分项工程		
1.1			
1.2			
1.3			
1.4			
1.5			
2	措施项目		
2.1	其中：安全文明施工费		
3	其他项目		
3.1	其中：暂列金额		
3.2	其中：专业工程暂估价		
3.3	其中：计日工		
3.4	其中：总承包服务费		
4	规费		
5	税金		
	招标控制价合计 =1+2+3+4+5		

注：本表适用于单位工程招标控制价或投标报价的汇总，如无单位工程划分，单项工程也使用本表汇总。

五、分部分项工程和单价措施项目清单与计价表

分部分项工程和单价措施项目清单与计价表见表 2.21。

表 2.21　分部分项工程和单价措施项目清单与计价表

工程名称：　　　　　　　　　　　　　　　　　标段：　　　　　　　　第　页　共　页

序号	项目编码	项目名称	项目特征	计量单位	工程量	金额／元		
						综合单价	合价	其中暂估价
本页小计								
合计								

注：为计取规费等的使用，可在表中增设其中："定额人工费"。

六、综合单价分析表

综合单价分析表见表 2.22。

表 2.22 综合单价分析表

工程名称：　　　　　　　　　　　　　　　标段：　　　　　　　　　　　第　页　共　页

项目编码		项目名称		计量单位		工程量	
清单综合单价组成明细							
定额编号	定额名称	定额单位	数量	单价/元				合价/元			

<table>
<tr><td rowspan="2">定额编号</td><td rowspan="2">定额名称</td><td rowspan="2">定额单位</td><td rowspan="2">数量</td><td colspan="4">单价/元</td><td colspan="4">合价/元</td></tr>
<tr><td>人工费</td><td>材料费</td><td>机械费</td><td>管理费和利润</td><td>人工费</td><td>材料费</td><td>机械费</td><td>管理费和利润</td></tr>
<tr><td></td><td></td><td></td><td></td><td></td><td></td><td></td><td></td><td></td><td></td><td></td><td></td></tr>
<tr><td></td><td></td><td></td><td></td><td></td><td></td><td></td><td></td><td></td><td></td><td></td><td></td></tr>
<tr><td></td><td></td><td></td><td></td><td></td><td></td><td></td><td></td><td></td><td></td><td></td><td></td></tr>
<tr><td></td><td></td><td></td><td></td><td></td><td></td><td></td><td></td><td></td><td></td><td></td><td></td></tr>
<tr><td></td><td></td><td></td><td></td><td></td><td></td><td></td><td></td><td></td><td></td><td></td><td></td></tr>
<tr><td></td><td></td><td></td><td></td><td></td><td></td><td></td><td></td><td></td><td></td><td></td><td></td></tr>
<tr><td></td><td></td><td></td><td></td><td></td><td></td><td></td><td></td><td></td><td></td><td></td><td></td></tr>
<tr><td></td><td></td><td></td><td></td><td></td><td></td><td></td><td></td><td></td><td></td><td></td><td></td></tr>
<tr><td colspan="2">人工单价</td><td colspan="6">小计</td><td colspan="4"></td></tr>
<tr><td colspan="2">元/工日</td><td colspan="6">未计价材料费</td><td colspan="4"></td></tr>
<tr><td colspan="8">清单项目综合单价</td><td colspan="4"></td></tr>
</table>

	主要材料名称、规格、型号	单位	数量	单价/元	合价/元	暂估单价/元	暂估合价/元
材料费明细							
	其他材料费			—		—	
	材料费小计			—		—	

注：1. 如不使用省级或行业建设主管部门发布的计价依据，可不填定额项目、编号等。
　　2. 招标文件提供了暂估单价的材料，按暂估的单价填入表内"暂估单价"栏及"暂估合价"栏。

七、总价措施项目清单与计价表

总价措施项目清单与计价表见表 2.23。

表 2.23　总价措施项目清单与计价表

工程名称：　　　　　　　　　　标段：　　　　　　　　　　　第　页　共　页

序号	项目编码	项目名称	计算基础	费率/%	金额/元	调整费率/%	调整后金额/元	备注
		安全文明施工费						
		夜间施工增加费						
		二次搬运费						
		冬雨季施工增加费						
		已完工程及设备保护费						
		合计						

编制人（造价人员）：　　　　　　　　　　　　　　复核人（造价工程师）：

注：1. "计算基础"中安全文明施工费可为"定额基价"、"定额人工费"或"定额人工费＋定额机械费"，其他项目可为"定额人工费"或"定额人工费＋定额机械费"。

2. 按施工方案计算的措施费，若无"计算基础"和"费率"的数值，也可只填"金额"数值，但应在备注栏说明施工方案出处或计算方法。

八、其他项目清单与计价汇总表

其他项目清单与计价汇总表见表 2.24。

表 2.24　其他项目清单与计价汇总表

工程名称：　　　　　　　　　　标段：　　　　　　　　　　第　页　共　页

序号	项目名称	金额 / 元	结算金额 / 元	备注
1	暂列金额			
2	暂估价			
2.1	材料（工程设备）暂估价 / 结算价	—		
2.2	专业工程暂估价 / 结算价			
3	计日工			
4	总承包服务费			
5	索赔与现场签证	—		
	合计			—

注：材料暂估单价进入清单项目综合单价，此处不汇总。

其他项目清单中还有其他相关明细表格，如暂列金额明细表、材料暂估单价及调整表、专业工程暂估价及结算价表、计日工表、总承包服务费计价表等，将在课后可以进一步熟悉，在这里不一一列出。

九、规费、税金项目清单与计价表

规费、税金项目清单与计价表见表 2.25。

表 2.25 规费、税金项目清单与计价表

工程名称： 标段： 第 页 共 页

序号	项目名称	计算基础	计算基数	计算费率/%	金额/元
1	规费	定额人工费			
1.1	社会保障费	定额人工费			
(1)	养老保险费	定额人工费			
(2)	失业保险费	定额人工费			
(3)	医疗保险费	定额人工费			
(4)	工商保险费	定额人工费			
(5)	生育保险费	定额人工费			
1.2	住房公积金	定额人工费			
1.3	工程排污费	按工程所在地环境保护部门收取标准，按实计入			
2	税金	分部分项工程费＋措施项目费＋其他项目费＋规费－按规定不计税的工程设备费金额			
	合计				

本节学习提示

不同的计价文件对应不同的清单计价表格，表格填写一定要完整、规范。

第三章

装饰工程分部分项清单计价

■学习提示

装饰工程按施工部位分为楼地面工程，墙柱面工程，天棚工程，门窗工程，油漆、涂料工程，其他装饰工程，拆除工程等 7 个分部。

在进行装饰分部分项的计量过程中，首先要能看懂图纸，了解其装饰构造节点详图，掌握装饰材料的种类和基本价格等基础知识。按照此思路，对应每一分部分项都采用循序渐进的工作流程来进行知识和技能的穿插。

第一步：了解装饰每一分部分项的构造特点和标准做法，目的是提高列项的准确性。

第二步：掌握清单《计算规范》进行列项的技巧训练，目的是提高熟练程度。

第三步：根据所列项目进行计算规则的演练，计算出清单工程量。

第四步：根据清单项的项目特征和工作内容，列出清单项的组价内容（定额子目），结合施工图计算计价工程量。

第五步：完成清单项的综合单价分析，利用计价软件进行综合单价计算。

综合单价分析采用的是《湖北省房屋建筑及装饰工程消耗量定额及统一基价表》（2018）。

这一阶段学习的深入程度直接决定预算能力和效率的高低，因此在掌握格式化的计算规则后，如何灵活运用定额进行套项、换项尤为关键。在学习本章过程中，能领会"死规则，活列项"的技能。

■知识目标

1. 熟悉重点分部分项工程的构造。
2. 掌握分部分项工程清单工程量计算规则。
3. 掌握分部分项工程计价工程量的计算规则。
4. 掌握分部分项工程清单的综合单价分析。

■能力要求

1. 能够编制分部分项工程工程量清单。
2. 能够编制分部分项工程招标控制价的综合单价。
3. 能提炼清单工程量与计价工程量计算规则的区别与联系。

■规范标准

1. 《建设工程工程量清单计价规范》（GB 50500—2013）。
2. 《房屋建筑与装饰工程工程量计算规范》（GB 50854—2013）。
3. 《湖北省房屋建筑与装饰工程消耗量定额及基价表》（2018）。
4. 《湖北省建筑安装工程费用定额》（2018）。

第一节　工程量概述

▌学习目标

1. 了解工程量、清单工程量和计价工程量的定义。
2. 掌握清单工程量与计价工程量之间的关系。
3. 掌握工程量计算的依据及原则。
4. 掌握工程量计算方法。

▌能力要求

1. 能够区分清单工程量与计价工程量。
2. 能够运用工程量计算依据和原则，合理选择工程量计算方法。

一、工程量概念

工程量即工程的实物数量，是指按一定规则，并以物理计量单位或自然计量单位所表示的各个分部分项工程、单价措施项目或结构构件的数量。

物理计量单位是指以公制度量表示的长度、面积、体积和重量等计量单位。如扶手以"m"为计量单位，块料楼地面以"m²"为计量单位，砌筑墙体以"m³"为计量单位，钢筋工程以"t"为计量单位。

自然计量单位指建筑成品表现在自然状态下的简单点数所表示的台、个、套、樘、块等计量单位。如门锁以"把"为计量单位，纸巾盒以"个"为单位，毛巾架以"根"或"套"为计量单位等。

工程量计算是指建设工程项目以工程设计图纸、施工组织设计或施工方案及有关技术经济文件为依据，按照相关工程国家标准的计算规则、计量单位等规定，进行工程数量的计算活动，在工程建设中简称工程计量。

工程量计算的工作在整个工程预算编制的过程中是最繁重的一道工序，是编制工程量清单计价的重要环节。一方面，工程量计算工作在整个工程造价计价工作中所花的时间最长，它直接影响到造价的及时性；另一方面，工程量计算是否正确直接影响到各个分部分项工程费、单价措施项目费计算，从而影响工程造价的准确性。因此，要求工程造价人员具有高度的责任感，耐心细致地进行计算。

二、工程量计算依据

1. 工程量计算规范或消耗量定额

由于计价文件的方式不同，计算工程量应选择相应的工程量计算规则，编制招标清单，应按《工程量计算规范》附录中的工程量计算规则计算清单工程量。编制施工图预算，应按当地行业主管部门颁布的预算定额及其工程量计算规则计算计价工程量。

2. 经审定通过的施工设计图纸及配套的标准图集

经审定的施工设计图纸及配套的标准图集是工程量计算的基础资料和基本依据。因为，施工设计图纸全面反映建筑物（或构筑物）的结构构造、各部位的尺寸及工程做法。

3. 经审定通过的施工组织设计或施工方案

在计算工程量时，往往还需要明确分项工程的具体施工方法及措施，应按施工组织设计或施工方案确定。如计算挖基础土方工程时，施工方法是采用人工开挖还是机械开挖，是否需要放坡、预留工作面或做支撑防护等，都会影响工程量的计算结果。

4. 经审定通过的其他有关的技术经济文件

工程施工合同、招标文件的商务条款等经审定的相关技术经济文件也会影响工程量计算范围及结果。

三、工程量计算原则

为快速准确地计算工程量，计算时应遵循以下原则。

1. 计算口径一致

计算工程量时，所列项目包括的工作内容和范围，必须与依据的计量规范或消耗量定额的口径一致。例如，在计算吊顶天棚的工程量时，计量规范的工作内容包括龙骨安装、基层安装、面层安装等多项内容，因此按"吊顶天棚"列项计算清单工程量，与计量规范的计算规则口径一致；而在组价时，消耗量定额中龙骨安装、基层安装、面层铺钉均属于不同的定额子目，因此需要分别列项计算定额工程量，与消耗量定额计算规则口径一致。

2. 计量单位一致

计算工程量时，所采用的单位必须与计量规范或消耗量定额相应项目中的计量单位一致。例如，计算木质门清单工程量时，应按清单计量规范规定的以"m^2"为单位计算；而在计算计价工程量时，按消耗量定额规定门扇按"m^2"为单位计算，门框按"m"为单位计算。

3. 计算规则一致

计算工程量时，必须严格遵循计量规范或消耗量定额的工程量计算规则，才能保证工程量的准确性。例如，楼地面的整体面层按主墙间净空面积计算，而块料面层按饰面的实铺面积计算。

4．与设计图纸一致

工程量计算项目必须与图纸规定的内容保持一致，不得随意修改内容去高套或低套定额；计算数据必须严格按照图纸所示尺寸计算，尺寸取定应准确，不得任意加大或缩小。

5．计算的精确程度要求

工程量计算结果的有效位数应遵守下列规定：

1）以"t"为单位，应保留小数点后三位数字，第四位小数四舍五入。

2）以"m""m²""m³""kg"为单位，应保留小数点后两位数字，第三位小数四舍五入。

3）以"个""件""根""组""系统"为单位，应取整数。

四、工程量的计算方法

工程量的计算必须遵循一定的计算顺序。一个单位工程的工程项目（指分项工程）少则几十项，多则上百项，为了节约时间加快计算进度，避免漏算和重复计算，同时为了方便审核，必须按一定的顺序依次进行。工程量计算时，常用以下的计算顺序。

（一）单位工程计算顺序

1．按施工顺序计算

按施工顺序计算是指按工程的施工先后顺序来计算工程量。计算时，先地下、后地上；先底层，后上层。如一般的民用建筑工程可按照土石方、基础、主体、楼面、屋面、门窗安装、内外墙抹灰、油漆等顺序进行计算。

2．按定额项目分部顺序计算

按定额项目分部顺序计算是指按《湖北省房屋建筑与装饰工程消耗量定额及基价表》（2018）中的顺序分别计算每个分项的工程量。这种方法适用于初学人员计算工程量。

3．统筹顺序计算

统筹法计算工程量不是按施工顺序及定额项目分部顺序计算工程量，而是根据工程量自身与各分项工程量计算之间固有的规律和相互之间的依赖关系，运用统筹法原理来合理安排工程量的计算顺序，以达到节约时间、简化计算、提高工效的目的。统筹法计算工程量时，其基本要点是：统筹程序、合理安排，利用基数、连续计算，一次计算、多次应用，联系实际、灵活机动。

（1）统筹程序、合理安排

工程量计算程序安排得是否合理，影响到进度的快慢。运用统筹法原理，根据分项工程量计算规律，先主后次、统筹安排。例如：室内地面工程中的室内回填土、地面垫层、地面面层，如果按施工顺序计算工程量，其计算顺序可按下列计算程序进行。

$$① \xrightarrow[\text{长×宽×高}]{\text{室内回填土}} ② \xrightarrow[\text{长×宽×厚}]{\text{地面垫层}} ③ \xrightarrow[\text{长×宽}]{\text{地面面层}} ④$$

从室内地面工程量计算程序示意中可以看出，按施工顺序计算工程量时，重复计算了三次"长×宽"，而利用统筹法计算工程量，可按如下方式计算程序进行。

$$① \xrightarrow[\text{长×宽}]{\text{面层}} ② \xrightarrow[\text{①×高}]{\text{室内回填土}} ③ \xrightarrow[\text{①×厚}]{\text{地面垫层}} ④$$

从室内地面工程量统筹法计算程序中可以看出，按统筹法计算工程量时，只需计算一次"长×宽"，就可以把其他工程量连带算出一部分，已达到减少重复计算和简化计算、提高工程量计算速度的目的。

（2）利用基数、连续计算

所谓的基数，即"三线一面"（外墙中心线、外墙外边线、内墙净长线和底层建筑面积），它是计算许多分项工程量的基础。

利用外墙中心线可以计算外墙挖地槽、外墙基础垫层、外墙基础、外墙墙身等分项工程。

利用外墙外边线可以计算勒脚、外墙抹灰、散水等分项工程。

利用内墙净长线可以计算内墙挖地槽、内墙基础垫层、内墙基础、内墙墙身、内墙抹灰等分项工程。

利用底层建筑面积可以计算平整场地、地面垫层、地面面层、天棚等分项工程。

根据工程量计算规则，把"三线一面"数据先计算好作为基础数据，然后利用这些基础数据计算与它们有关的分项工程量，使前面项目的计算结果能运用于后面的计算中，以减少重复计算。

（3）一次计算、多次运用

把各种定型门窗、钢筋混凝土预制构件等分项工程以及常用的工程系数，预先一次计算出工程量，编入手册，在后续工程量计算时，可以反复使用。

（4）联系实际、灵活机动

统筹法计算工程量是一种简捷的计算方法，但在实际工程中，对于一些较为复杂的项目，应结合工程实际，灵活运用。如某建筑物每层楼地面面积均相同，其中地面构造中除了一层大厅为大理石外，其余均为水泥砂浆地面，可以先按每层均为水泥砂浆地面计算各楼层工程量，然后再减去大厅的大理石工程量。

（二）分项工程计算顺序

为了防止漏算和重复计算，对于同一分项内容，一般有以下几种计算方法：

1）按照顺时针方向计算法。即从施工平面图的左上角开始，自左至右，然后再由上而下，最后回到左上角为止，按顺时针方向逐步计算。例如，计算外墙、外墙基础等分项，可以按照此种方法进行计算。

2）按先横后竖、先上后下、先左后右顺序计算法。即从施工平面图左上角开始按照先横后竖、先上后下、先左后右顺序进行工程量计算。例如，楼地面工程、天棚工程等分项，可以按照此种方法进行计算。

3）按图样编号顺序计算法。即按照施工图样上所标注的构件编号顺序进行工程量计算。例如，门窗、屋架等分项工程，可以按照此种方法进行计算。

实际工程计算时，经常是几种方法结合起来使用。

▎本节学习提示

工程量必须根据计算规则进行计算，在计算规则的学习过程中，要区分清单工程量计算规则和定额工程量计算规则，清单工程量计算规则是全国统一，定额工程量计算规则各地区各不相同，我们在不同的地区从事预算工作时，要先认真的审读该地区的定额计算规则及说明，根据该地区的计价规范来操作。

在清单工程量计算规则和定额工程量计算规则的学习过程中，要进行对比归纳，分析它们的不同之处，找出相应的简单方便的计算方法。

第二节 楼地面工程

▌学习目标

1. 了解楼地面材料的分类及适用范围。
2. 熟悉楼地面、楼梯面、台阶面装饰构造。
3. 掌握楼地面工程分部分项工程量清单编制。
4. 掌握楼地面工程清单工程量计算规则的相关规定。
5. 掌握楼地面工程计价工程量计算规则的相关规定。
6. 掌握楼地面工程清单工程综合单价的形成过程。

▌能力要求

1. 能够根据施工图对楼地面分部分项工程进行描述。
2. 能够运用清单工程量计算规则对施工图编制招标清单。
3. 能够运用计价工程量计算规则对分项工程进行综合单价分析。

一、楼地面工程概述

楼地面是楼层地面和底层地面的总称。

（一）楼地面的构造层次及作用

楼地面一般由下列构造层次组成。

1. 基层

地面基层为夯实地基上方的垫层，承受并传递荷载。按材料分，常见的有混凝土垫层、砂石垫层、碎石垫层、三合土垫层。楼面基层为现浇楼板、预制空心板。

2. 找平层

找平层是在楼板或垫层、填充层上起找平、找坡和加强作用的构造层。常见的有水泥砂浆找平层、细石混凝土找平层、沥青砂浆找平层、沥青混凝土找平层。

3. 附加层

附加层主要起敷设管线、隔声、防水、保温隔热作用，可根据地面要求进行设置。

4. 面层

面层是起装饰作用的表面层，常见的有整体面层、面料面层、木地板等。

（二）楼地面的分类及项目设置

1．楼地面分类

楼地面按面层材料可以分为整体面层、块料面层、橡塑面层、其他材料面层。

整体面层是一种直接在水泥砂浆找平层上施工的传统整体地面，面层无接缝。具有经济、施工方便、不耐磨、易起砂、起灰等特点。常见的有水泥砂浆楼地面、现浇水磨石楼地面、细石混凝土楼地面。

块料面层是指用定型生产的各种块状或片状材料铺砌或粘贴做成的装饰地面。构造类型为湿贴和干粘。常见的有石材地面和瓷砖地面。

橡塑面层是指在找平层上直接铺贴各种塑料和橡胶的面层，这种面层具有良好的弹性、防滑、耐磨等优点。适用于幼儿园、游泳池边、运动场等处的防滑地面。

2．清单项目设置

楼地面工程清单包含 8 节 43 个分项，项目设置明细如表 3.1 所示。

表 3.1　楼地面工程清单设置明细

序号	清单名称	分项数量
01	整体面层及找平层	6
02	块料面层	3
03	橡塑面层	4
04	其他材料面层	4
05	踢脚线	7
06	楼梯面层	9
07	台阶装饰	6
08	零星装饰项目	4
合计		43

3．项目特征描述时的注意事项

1）防护材料主要是指石材等背面、侧面做防酸、防碱涂刷的处理剂；木材做防火、防油的防火涂料、防腐剂。

2）嵌条材料是用于水磨石分隔、作图案的嵌条，主要材料有玻璃条、铜条、不锈钢条。

3）防滑条是指楼梯、台阶踏步的防滑设施，如水泥防滑条、玻璃防滑条、铜质防滑条。

4）地毯楼梯面的固定配件是指踏步阴角的压毡杆，常见的材料有铝合金压毡杆、铜质压毡杆。

5）压线条主要起固定和分隔的作用，主要有塑料压条、铜条、铝合金条。

二、楼地面工程清单编制

（一）整体面层及找平层（编码：011101）

整体面层通常整片或分块浇筑，面层无接缝，是直接在水泥砂浆找平层上施工的传统整体地面，具有经济、施工方便等特点。整体楼地面主要包括水泥砂浆楼地面、细石混凝土楼地面、水磨石楼地面、菱苦土楼地面和自流坪楼地面。下面以常用的现浇水磨石为例说明整体楼地面的装饰构造。

1．构造做法

刷素水泥浆一道（内掺建筑胶）；

20mm 厚 1∶3 水泥砂浆找平，养护 1~2d；

按设计图案固定分格条（玻璃条、铝条、铜条）；

浇筑 15mm 厚 1∶2.5 水泥石碴浆抹平；

硬结后用磨石子机和水磨光，打蜡养护；

现浇水磨石楼地面及其嵌条做法如图 3.1 所示。

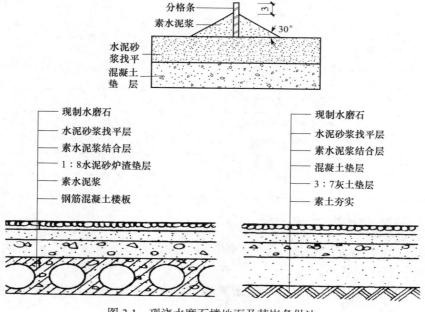

图 3.1　现浇水磨石楼地面及其嵌条做法

适用范围：现浇水磨石地面的优点是整体性好、自重轻、造价低、坚固光滑、美观耐磨、耐酸碱、不易起灰、易清洗、有良好的抗水性，缺点是湿作业量大，施工周期长、工序多、无弹性。常用于人流较大的公共交通空间和房间，如大厅、走廊等。

2．清单编制

（1）清单项目设置

清单项目中，整体面层项目包含水泥砂浆楼地面（011101001）、现浇水磨石楼地面（011101002）、细石混凝土楼地面（011101003）、菱苦土楼地面（011101004）、自流坪楼地面（011101005）、平面砂浆找平层（011101006）等6个分项，其项目设置要求见表3.2。

表 3.2　整体面层及找平层（编码：011101）

项目编码	项目名称	项目特征	计量单位	工程量计算规则	工程内容
011101001	水泥砂浆楼地面	1. 找平层厚度、砂浆配合比 2. 素水泥浆遍数 3. 面层厚度、砂浆配合比 4. 面层做法要求	m²	按设计图示尺寸以面积计算。扣除凸出地面的构筑物、设备基础、室内铁道、地沟等所占面积，不扣除间壁墙及 ≤ 0.3m² 柱、垛、附墙烟囱及孔洞所占面积。门洞、空圈、暖气包槽、壁龛的开口部分不增加	1. 基层清理 2. 抹找平层 3. 抹面层 4. 材料运输
011101002	现浇水磨石楼地面	1. 找平层厚度、砂浆配合比 2. 面层厚度、水泥石子浆配合比 3. 嵌条材料种类、规格 4. 石子种类、规格、颜色 5. 颜料种类、颜色 6. 图案要求 7. 磨光、酸洗、打蜡要求			1. 基层清理 2. 抹找平层 3. 面层铺设 4. 嵌缝条安装 5. 磨光、酸洗打蜡 6. 材料运输
011101003	细石混凝土楼地面	1. 找平层厚度、砂浆配合比 2. 面层厚度、混凝土强度等级			1. 基层清理 2. 抹找平层 3. 面层铺设 4. 材料运输
011101004	菱苦土楼地面	1. 找平层厚度、砂浆配合比 2. 面层厚度 3. 打蜡要求			1. 基层清理 2. 抹找平层 3. 面层铺设 4. 打蜡 5. 材料运输
011101005	自流坪楼地面	1. 找平层厚度、砂浆配合比 2. 界面剂材料种类 3. 中层漆材料种类、厚度 4. 油漆材料种类、厚度 5. 面层材料种类			1. 基层处理 2. 抹找平层 3. 涂界面剂 4. 涂刷中层漆 5. 打磨、吸尘 6. 漫自流平面漆 7. 拌合自流平浆料 8. 铺面层
011101006	平面砂浆找平层	找平层厚度、砂浆配合比		按设计尺寸以面积计算	1. 基层清理 2. 抹找平层 3. 材料运输

注：1. 水泥砂浆面层处理是拉毛还是压光应在面层做法中描述。

2. 平面砂浆找平层只适用于仅做找平层的平面抹灰。

3. 间壁墙指墙厚 ≤ 120mm 的墙。

4. 楼地面混凝土垫层按混凝土垫层项目列项。

（2）清单工程量计算规则解释

1）"按设计图示尺寸以面积计算"：室内按净空面积计算，室外按图示尺寸计算。

2）"构筑物、设备基础、室内铁道、地沟"等处不需做整体面层，且面积较大，必须扣除。

3）为简化计算，"间壁墙及单个面积≤0.3m²柱、垛、附墙烟囱及孔洞所占面积"不扣除，"门洞、空圈、暖气包槽、壁龛的开口部分"也不增加。

（二）块料面层（编码：011102）

块料面层是用定型生产的各种块状或片状材料铺砌或粘贴做成的装饰地面。常见的有预制水磨石、锦砖、陶瓷地砖、天然石材、人造石材。块料面层具有花色多，经久耐用、强度高、刚性大、易清洁等优点，缺点是造价偏高、保温性差。块料面层常用于人流大，对耐磨性和清洁性要求较高的场所或比较潮湿的地面。

1．构造做法

在基层上刷一道素水泥浆（内掺107胶）→20mm厚1：4干硬性水泥砂浆→试铺块材，锤平，压实，对缝→合格后搬开→检查砂浆表面是否平实→块材背面抹水胶比0.4～0.5的水泥浆或瓷砖胶正式铺板材→锤平压实，灌浆洒水养护，检查有无空鼓同色水泥浆擦缝或美缝剂美缝。

块料楼地面的构造相比于石材楼地面构造做法除面层材料不同外，其余大致相同（图3.2）。

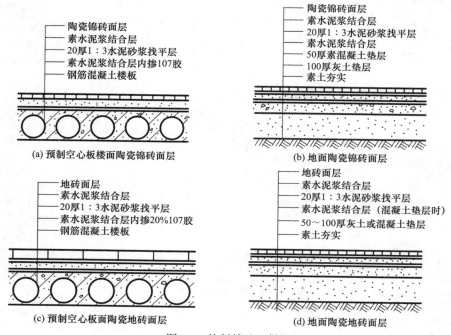

图 3.2 块料楼地面做法

2．清单编制

（1）清单项目设置

清单项目中，块料面层项目包含石材楼地面（011102001）、碎石材楼地面（011102002）、块料楼地面（011102003）等3个分项，其项目设置要求见表3.3。

表3.3　块料面层（编码：011102）

项目编码	项目名称	项目特征	计量单位	工程量计算规则	工程内容
011102001	石材楼地面	1. 找平层的厚度、砂浆的配合比 2. 结合层的厚度、砂浆的配合比 3. 面层材料品种、规格、颜色 4. 嵌缝材料种类 5. 防护层材料种类 6. 酸洗、打蜡要求	m²	按设计图示尺寸以面积计算。门洞、空圈、暖气包槽、壁龛的开口部分并入相应的工程量内	1. 基层清理、抹找平层 2. 铺设填充层 3. 面层铺贴 4. 压缝条装订 5. 材料运输
011102002	碎石材楼地面				
011102003	块料楼地面				1. 基层清理、抹找平层 2. 铺设填充层 3. 面层铺设、磨边 4. 嵌缝 5. 刷防护材料 6. 酸洗打蜡 7. 材料运输

注：1. 在描述碎石材项目的面层材料特征时可不描述规格、颜色。
2. 石材、块料与粘贴材料的结合面刷防渗材料的种类在防护材料种类中描述。
3. 本工作内容中的磨边指施工现场磨边，后面章节工作内容中涉及的磨边含义相同。

（2）清单工程量计算规则解释

1）"按设计图示尺寸以面积计算"：室内按实铺面积计算，室外按图示尺寸计算。

2）"构筑物、设备基础、室内铁道、地沟"等处不需做面层，且面积较大，必须扣除。

3）块料面层造价较高，门洞、空圈、暖气包槽、壁龛的开口部分要据实计算。

（三）橡塑面层（编码：011103）

1．构造做法

橡塑面层是以橡胶粉为基料，经解聚、混炼、塑化而成，可以干铺，也可用胶黏剂粘贴，具有良好的弹性、保温、防滑、耐磨、消声、绝缘、价格低廉等特点。适用于展览馆、幼儿园、疗养院等公共建筑，也适用于车间、实验室的绝缘地面及游泳池边、运动场等处的防滑地面。

橡塑地毯的表面形式可分平滑和带肋两种，与基层固定一般用胶结材料粘贴的方法粘贴在水泥砂浆基层上。

2．清单编制

（1）清单项目设置

清单项目中，橡塑面层项目包含橡胶板楼地面（011103001）、橡胶卷材楼地面（011103002）、塑料板楼地面（011103003）、塑料卷材楼地面（011103004）等4个分项，其项目设置要求见表3.4。

表3.4　橡塑面层（编码：011103）

项目编码	项目名称	项目特征	计量单位	工程量计算规则	工程内容
011103001	橡胶板楼地面	1．黏结层的厚度，材料的种类 2．面层材料品种、规格、颜色 3．压线条种类	m²	按设计图示尺寸以面积计算。门洞、空圈、暖气包槽、壁龛的开口部分并入相应的工程量内	1．基层清理、抹找平层 2．面层铺贴 3．压缝条装订 4．材料运输
011103002	橡胶卷材楼地面				
011103003	塑料板楼地面				
011103004	塑料卷材楼地面				

（2）清单工程量计算规则解释

1）橡塑面层计算规则同块料面层。

2）若项目中涉及找平层，另按找平层项目编码列项。

（四）其他材料面层（编码：011104）

其他材料面层种类繁多，一般用于室内装饰，这里主要介绍常见的实木地板、地毯、防静电活动地板等。

1．构造做法

（1）实木地板

木地面是指表面铺钉或胶合实木地板而成的地面。按构造分为粘贴式、架空式和实铺式三种。

实木地板实铺法施工工艺为：基层清理→弹线→钻孔安装预埋件→地面防潮、防水处理→安装木龙骨→垫保温层→弹线、钉装毛地板→找平、刨平→安装成品实木地板→装踢脚板。

（2）地毯

地毯楼地面是指面层由方块或卷材地毯铺设在基层上的楼地面，多用于宾馆、会堂、办公楼等礼仪场所，它具有良好的弹性、消声、保温、防滑、柔软、舒适、图案优美等特点。

地毯类型较多，从材质方面区分，主要有化纤地毯、混纤地毯、羊毛地毯、棉织地毯、剑麻地毯、橡胶绒地毯和塑料地毯等。

地毯可满铺，也可局部铺设，当地毯满铺时，应采用经过防火处理的阻燃型地毯。地毯铺设形式如图 3.3 所示。

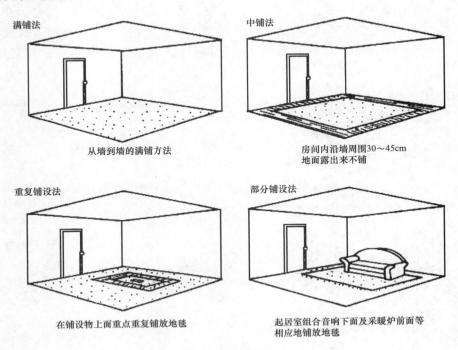

满铺法

从墙到墙的满铺方法

中铺法

房间内沿墙周围30～45cm
地面露出来不铺

重复铺设法

在铺设物上面重点重复铺放地毯

部分铺设法

起居室组合音响下面及采暖炉前面等
相应地铺放地毯

图 3.3 地毯铺设形式

地毯有固定和不固定两种铺设方法。不固定铺设是将地毯粘接拼缝成一整片，直接铺在楼地面上，四角沿墙修齐，但也多用于局部铺设；固定式是将地毯用胶黏剂粘贴，或用倒刺板条（带有向上小勾的木板条）固定，如图 3.4 所示。地毯下可铺设一层泡沫橡胶垫层，以增加其弹性和消声能力。

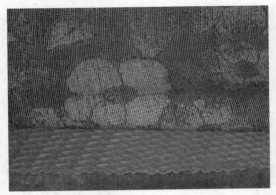

图 3.4 地毯固定形式

（3）防静电活动地板

防静电活动地板也称装配式地板，适用于计算机机房、通信中心、试验室、电化教室、程控交换机房、调度室、广播室、洁净厂房、展览馆、剧场、舞台等及其他防静电要求的场所。防静电活动地板由活动面板、可调支架组成，面板有复合胶合板、抗静电铝合金活动地板、复合抗静电活动地板。防静电活动地板楼地面构造如图3.5所示。

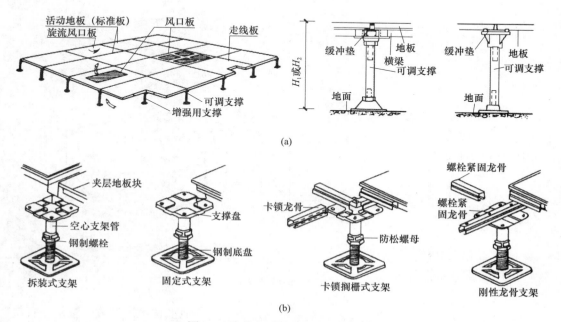

图 3.5　防静电活动地板楼地面构造

铺装工艺：清理基层→按面板尺寸弹网格线→在网格交点上设可调支架，加设桁条，调整水平度→铺放活动面板，用胶条填实面板与墙面缝隙。

2．清单编制

（1）清单项目设置

清单项目中，其他材料面层包含地毯楼地面（011104001）、竹木地板（01104002）、金属复合地板（011104003）、防静电活动地板（011104004）等4个分项，其项目设置要求见表3.5。

（2）清单工程量计算规则解释

1）"按设计图示尺寸以面积计算"：室内按实贴面积计算，凸出的柱角要扣除。

2）门洞、空圈、暖气包槽、壁龛的开口部分若所用材料与地面相同，并入相应材料的地面工程量内，材料不同则分别编码列项。

表 3.5 其他材料面层（编码：011104）

项目编码	项目名称	项目特征	计量单位	工程量计算规则	工程内容
011104001	地毯楼地面	1. 面层材料品种、规格、颜色 2. 防护材料的种类 3. 黏结材料种类 4. 压线条种类	m²	按设计图示尺寸以面积计算。门洞、空圈、暖气包槽、壁龛的开口部分并入相应的工程量内	1. 基层清理 2. 面层铺贴 3. 刷防护材料 4. 装订压线 5. 材料运输
011104002	竹木地板	1. 龙骨种类、规格、铺设间距 2. 基层材料的种类、规格 3. 面层材料品种、规格、颜色 4. 防护材料的种类			1. 基层清理 2. 龙骨铺设 3. 基层铺设 4. 面层铺贴 5. 刷防护材料 6. 材料运输
011104003	金属复合地板				
011104004	防静电活动地板	1. 支架的高度，材料的种类 2. 面层材料品种、规格、颜色 3. 防护材料的种类			1. 基层清理 2. 固定支架安装 3. 活动面层安装 4. 刷防护材料 5. 材料运输

（五）踢脚板（线）（编码：011105）

踢脚板粘贴在楼地面与墙面相交处。设置踢脚板的作用是遮盖楼地面与墙面的接缝，保护墙面根部免受冲撞及避免清洗地面时被污染，同时增加室内美观。

踢脚板的材料选择是多种多样的。一般与地面的材料相同，如石材地面用石材踢脚；也可以有不同材料之间的搭配，如花岗岩地面配不锈钢踢脚。高度一般为 100～200mm。

踢脚板按材料和施工方式分为四种：粉刷类、铺贴类、木质踢脚与塑料踢脚等。随着装饰工程日益工厂化，对没有个性化要求的设计，踢脚板一般选择成品。

1. 构造做法

根据构造方式分为与墙面相平、凸出墙面、凹进墙面三种（图 3.6）。

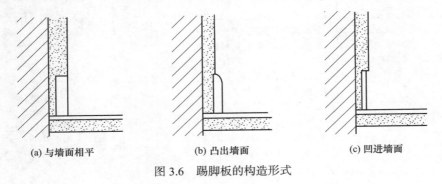

(a) 与墙面相平　　　　(b) 凸出墙面　　　　(c) 凹进墙面

图 3.6 踢脚板的构造形式

（1）粉刷类踢脚

粉刷类踢脚通常用于简单装修，当采用与墙面相平的构造方式时，为了与上部墙面区分，常作 10mm 宽凹缝。

（2）铺贴类踢脚

铺贴类踢脚因材料不同而有不同的处理方法。常见的有预制水磨石踢脚、陶板踢脚、石板踢脚等。交接处为避免生硬，可做成斜角、留缝（与木装修墙面之间）等。

（3）木质踢脚与塑料踢脚

木质踢脚与塑料踢脚做法较复杂，以前多用墙内预埋木砖来固定，现在多用木楔，塑料踢脚板还可用胶粘贴。踢脚板与地面的接合处，应考虑地板的伸缩以及视觉效果。

2．清单编制

（1）清单项目设置

清单项目中，踢脚线项目包括水泥砂浆踢脚线（011105001）、石材踢脚线（01105002）、块料踢脚线（011105003）、塑料板踢脚线（011105004）、木质踢脚线（01105005）、金属踢脚线（011105006）、防静电踢脚线（011105007）7 个分项，其项目设置要求见表 3.6。

表 3.6　踢脚线（编码：011105）

项目编码	项目名称	项目特征	计量单位	工程量计算规则	工程内容
011105001	水泥砂浆踢脚线	1. 踢脚线高度 2. 底层厚度，砂浆配合比 3. 面层厚度，砂浆配合比			1. 基层清理 2. 底层和面层抹灰 3. 材料运输
011105002	石材踢脚线	1. 踢脚线高度 2. 粘贴层厚度，材料种类 3. 面层材料品种、规格、颜色 4. 防护材料种类		1. 按设计图示长度乘以高度以面积计算 2. 按设计图示尺寸以延长米计算	1. 基层清理 2. 底层抹灰 3. 面层铺贴、磨边 4. 擦缝 5. 磨光、酸洗、打蜡 6. 刷防护材料 7. 材料运输
011105003	块料踢脚线		1. m² 2. m		
011105004	塑料板踢脚线	1. 踢脚线的高度 2. 粘贴层厚度，材料种类 3. 面层材料种类、规格、颜色			1. 基层清理 2. 基层铺贴 3. 面层铺贴 4. 材料运输
011105005	木质踢脚线	1. 踢脚线的高度 2. 基层材料种类、规格 3. 面层材料品种、规格、颜色			
011105006	金属踢脚线				
011105007	防静电踢脚线				

（2）清单工程量计算规则解释

1）"按设计图示长度乘以高度以面积计算"时，室内按净周长计算，室外按外边线长度。

2）门洞、空圈、暖气包槽、壁龛的开口部分要扣除，侧壁要增加，三面突出墙面的柱的侧边要增加，角柱不增加。

3）楼梯踏步踢脚线要先计算斜长，再乘以高度，有的地区为简化计算过程是按投影长度乘以相应系数之后再乘以高度。锯齿部分小三角形面积要并入。

（六）楼梯面层（编码：011106）

1．楼梯的形式

楼梯按梯段可分为单跑楼梯、双跑楼梯和多跑楼梯。梯段的平面形状有直线型、折线型、曲线型。

单跑楼梯最为简单，适合于层高较低的建筑；双跑楼梯最为常见，有双跑直上、双跑曲折、双跑对折（平行）等，适用于一般民用建筑和工业建筑；三跑楼梯有三折式、丁字式、分合式等，多用于公共建筑；剪刀楼梯是由一对方向相反的双跑平行梯组成，或由一对互相重叠而又不连通的单跑直上梯构成，剖面呈交叉的剪刀形，能同时通过较多的人流并节省空间。

楼梯形式如图 3.7 所示。

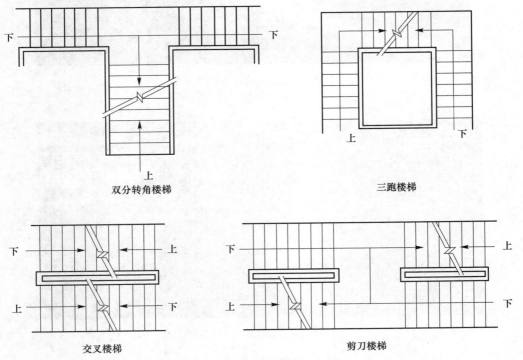

图 3.7 楼梯形式

2．构造做法

楼梯面层按构造形式的不同可分为板式楼梯和梁式楼梯两种（图 3.8、图 3.9）。

图 3.8　板式楼梯示意图

图 3.9　梁式楼梯示意图

1）板式楼梯：由梯段、横梁体和平台三部分组成，楼板是一块斜板，板的两端支撑在平台梁上，平台梁支撑在砖墙上或柱上。

2）梁式楼梯：是在楼梯斜板侧面设置斜梁，斜梁两端支撑在平台梁上，平台梁支撑在梯间墙上或柱上，构成了梁式楼梯。

楼梯的组成包括楼梯段、楼层平台、休息平台、楼梯梯井、栏杆（栏板）和扶手。

（1）楼梯段

楼梯段又称楼梯跑，是楼层之间的倾斜构件，同时也是楼梯的主要使用和承重部分。它由若干个踏步组成。楼梯段的踏步数要求最多不超过18级，最少不少于3级。

（2）楼层平台

楼层平台是指楼梯梯段与楼面连接的水平段。楼层平台的标高与楼层板面相一致。

（3）休息平台

休息平台介于两个楼层之间，连接两个梯段之间的水平段，供楼梯转折或使用者休息之用。

（4）楼梯梯井

楼梯的两梯段或三梯段之间形成的竖向空隙称为梯井，一般取值为100～200mm。

（5）栏杆（栏板）和扶手

栏杆（栏板）和扶手是楼梯段的安全设施，一般设置在梯段和平台的临空边缘。在公共建筑中，当楼梯段较宽时，常在楼梯段和平台靠墙一侧设置靠墙扶手。

楼梯面层施工工艺基本同楼地面，特别要注意的是整体面层楼梯面踏步板上需要抹防滑条；块料、石材踏步外边沿需要磨边处理，踏步板上需要打磨防护条；地毯楼梯面踏步上需要安装金属防滑条，阴角设压毡杆固定地毯。防滑条的设置一般是踏步板的宽度扣除300mm，即两端各留150mm。

楼梯构造如图3.10所示。

3．清单编制

（1）清单项目设置

清单项目中，楼梯装饰项目包含石材楼梯面层（011106001）、块料楼梯面层（011106002）、碎拼块料面层（011106003）、水泥砂浆楼梯面层（011106004）、现浇水磨石楼梯面层（011106005）、地毯楼梯面层（011106006）、木板楼梯

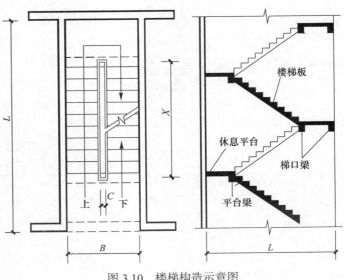

图3.10　楼梯构造示意图

面层（011106007）、橡胶板楼梯面层（011106008）、塑料板楼梯面层（011106009）9 个分项，其项目设置要求见表 3.7。

表 3.7　楼梯面层（编码：011106）

项目编码	项目名称	项目特征	计量单位	工程量计算规则	工程内容
011106001	石材楼梯面层	1. 找平层的厚度、砂浆配合比 2. 黏结层厚度、材料种类 3. 面层材料品种、规格、颜色 4. 防滑条材料种类、规格 5. 勾缝材料种类 6. 防护层材料种类 7. 酸洗、打蜡要求			1. 基层清理 2. 抹找平层 3. 面层铺贴、磨边 4. 贴嵌防滑条 5. 勾缝 6. 刷防护材料 7. 酸洗、打蜡 8. 材料运输
011106002	块料楼梯面层				
011106003	碎拼块料面层				
011106004	水泥砂浆楼梯面层	1. 找平层厚度、砂浆配合比 2. 面层厚度、砂浆配合比 3. 防滑条材料种类、规格	m²	按设计图示尺寸以楼梯（包含踏步、休息平台及 ≤ 500mm 的楼梯井）水平投影面积计算。楼梯与楼地面相连时，算至梯口梁内侧边沿；无梯口梁者，算至最上一层踏步边沿加 300mm	1. 基层清理 2. 抹找平层 3. 抹面层 4. 抹防滑条 5. 材料运输
011106005	现浇水磨石楼梯面层	1. 找平层厚度、砂浆配合比 2. 面层厚度、水泥石子浆配合比 3. 防滑条材料种类、规格 4. 石子种类、规格、颜色 5. 颜料种类、颜色 6. 磨光、酸洗、打蜡要求			1. 基层清理 2. 抹找平层 3. 抹面层 4. 贴嵌防滑条 5. 磨光、酸洗、打蜡 6. 材料运输
011106006	地毯楼梯面层	1. 基层种类 2. 面层材料品种、规格、颜色 3. 防护材料种类 4. 黏结材料种类 5. 固定配件材料种类、规格			1. 基层清理 2. 铺贴面层 3. 固定配件安装 4. 刷防护材料 5. 材料运输
011106007	木板楼梯面层	1. 基层材料种类、规格 2. 面层材料品种、规格、颜色 3. 黏结材料种类 4. 防护材料种类			1. 基层清理 2. 基层铺贴 3. 面层铺贴 4. 刷防护材料 5. 材料运输
011106008	橡胶板楼梯面层	1. 黏结层厚度、材料、种类 2. 面层材料品种、规格、颜色 3. 压线条的种类			1. 基层清理 2. 面层铺贴 3. 压缝条装订 4. 材料运输
011106009	塑料板楼梯面层				

注：1. 在描述碎石材项目的面层材料特征时可不描述规格、颜色。
　　2. 石材、块料与黏结材料的结合面刷防渗材料的种类在防护材料种类中描述。

（2）清单工程量计算规则解释

1）为简化计算，楼梯工程量按休息平台与梯段水平投影面积计算，扣除宽度大于 500mm 梯井水平投影面积。

2）楼梯与走道相连时，以梯口梁为界，有梯口梁则算至梯口梁内侧边缘；无梯口梁者，算至最上一层踏步边沿加 300mm，有梯间墙算至梯间墙边。装饰施工图一般无法反映梯口梁位置，因此常以最上层踏步外延 300mm 计算。

3）楼梯面层装饰工程量 =（楼梯水平投影净长 × 楼梯水平投影净宽 − 宽度大于 500mm 的梯井水平投影面积）× 楼梯层数。楼梯的层数与是否为上人屋面及一个自然层楼梯的跑数有关。

（七）台阶装饰（编码：011107）

1．构造做法

台阶面层构造施工工艺基本同楼梯面，特别要注意的是台阶的侧面、牵边单独按零星项目编码列项。

2．清单编制

（1）清单项目设置

清单项目中，台阶装饰项目包含石材台阶面（011107001）、块料台阶面（011107002）、拼碎块料台阶面（011107003）、水泥砂浆台阶面（011107004）、现浇水磨石台阶面（011107005）、剁假石台阶面（011107006）6 个分项，其项目设置要求见表 3.8。

表 3.8　台阶装饰（编码：**011107**）

项目编码	项目名称	项目特征	计量单位	工程量计算规则	工程内容
011107001	石材台阶面	1. 找平层厚度、砂浆配合比 2. 黏结材料种类 3. 面层材料品种、规格、颜色 4. 勾缝材料种类 5. 防滑条材料种类、规格 6. 防护材料种类			1. 基层清理 2. 抹找平层 3. 面层铺贴 4. 贴嵌防滑条 5. 勾缝 6. 刷防护材料 7. 材料运输
011107002	块料台阶面				
011107003	拼碎块料台阶面				
011107004	水泥砂浆台阶面	1. 找平层厚度、砂浆配合比 2. 面层厚度、砂浆配合比 3. 防滑条材料种类	m²	按设计图示尺寸以台阶（包括最上层踏步边沿加 300mm）水平投影面积计算	1. 基层清理 2. 抹找平层 3. 抹面层 4. 抹防滑条 5. 材料运输
011107005	现浇水磨石台阶面	1. 找平层厚度、砂浆配合比 2. 面层厚度、水泥石子浆配合比 3. 防滑条材料种类、规格 4. 石子种类、规格、颜色 5. 颜料种类、颜色 6. 磨光、酸洗、打蜡要求			1. 基层清理 2. 抹找平层 3. 抹面层 4. 贴嵌防滑条 5. 打磨、酸洗、打蜡 6. 材料运输
011107006	剁假石台阶面	1. 找平层厚度、砂浆配合比 2. 面层厚度、砂浆配合比 3. 剁假石要求			1. 基层清理 2. 抹找平层 3. 抹面层 4. 剁假石 5. 材料运输

注：1. 在描述碎石材项目的面层材料时，可不描述规格、颜色。
　　2. 石材、块料与黏结材料的结合面刷防渗材料的种类在防护材料种类中描述。

（2）清单工程量计算规则解释

1）为简化计算，台阶工程量按水平投影面积计算，踢面不展开。

2）台阶与平台相连接时，台阶计算最上一层踏步加300mm，平台面层剩余部分按楼地面编码列项，如图3.11中虚线所示。

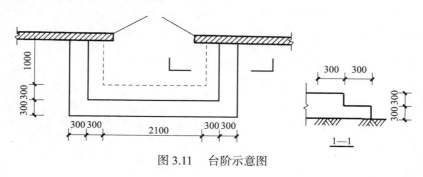

图3.11　台阶示意图

（八）零星装饰项目（编码：011108）

零星装饰项目面层适用于楼梯侧面、台阶的牵边，小便池、蹲台、池槽、门槛石，以及面积在0.5m²以内且未列项目的工程。

1．清单编制

（1）清单项目设置

清单项目中，零星装饰项目包含石材零星项目（011108001）、拼碎石材零星项目（011108002）、块料零星项目（011108003）、水泥砂浆零星项目（011108004）4个分项，其项目设置要求见表3.9。

表3.9　零星装饰项目（编码：011108）

项目编码	项目名称	项目特征	计量单位	工程量计算规则	工程内容
011108001	石材零星项目	1.工程部位 2.找平层厚度、砂浆配合比 3.黏结层厚度、材料种类 4.面层材料品种、规格、颜色 5.勾缝材料种类 6.防护材料种类 7.酸洗、打蜡要求	m²	按设计图示尺寸面积计算	1.基层清理 2.抹找平层 3.面层铺贴、磨边 4.勾缝 5.刷防护材料 6.酸洗、打蜡 7.材料运输
011108002	拼碎石材零星项目				
011108003	块料零星项目				
011108004	水泥砂浆零星项目	1.工程部位 2.找平层厚度、砂浆配合比 3.面层厚度，砂浆厚度			1.基层清理 2.抹找平层 3.抹面层 4.材料运输

（2）清单工程量计算规则解释

零星项目主要适用于池槽、蹲位、楼梯、台阶侧面等装饰以及楼地面未列项、面积在 0.5m² 以内的少量分散的楼地面项目，按展开表面积计算。

三、楼地面工程清单计价

依据《湖北省房屋建筑与装饰工程消耗量定额及全费用基价表》（2018）第九章楼地面工程的规定，计价工程量计算要求如下。

（一）楼地面工程计价工程量计算相关说明

1．地面垫层

1）地面灰土垫层中的素土，定额中一般利用原土，故不考虑买土的费用，如需要买土，则需要考虑买土、运土的费用。

2）定额界定厚度 ≤ 60mm 的细石混凝土按找平层项目执行，以面积计算；厚度 > 60mm 的按定额"混凝土及钢筋混凝土工程"垫层项目执行，以体积计算。

3）台阶、坡道、散水定额中，仅含面层的工料费用，不包括垫层，垫层容易漏算。

4）采用地暖的地板垫层，按不同材料执行相应项目，人工乘以系数 1.3，材料乘以系数 0.95。

2．整体面层及找平层

1）找平层、整体面层按净面积以平方米计算，起扣点为 0.3m²，不扣除间壁墙所占面积，注意间壁墙与主墙的厚度划分界限。

2）水磨石地面定额项目中不含找平砂浆、水泥石子浆的配合比，设计与定额不同时，可以调整。

3）定额子目"楼地面混凝土面层打磨处理"，此子目是要求楼地面混凝土结构完成后不再做找平层、水泥砂浆面层处理，直接能达到平整度验收水平，方可套取该子目。

3．块料面层及其他材料面层

1）块料面层、橡塑面层、其他材料面层，按图示尺寸以平方米计算，门洞开口部分工程量并入相应面层内。计算时要注意材料相同才能并入，同时还要注意门的开启方向。

2）同一铺贴面上有不同种类、材质的材料，应分别按定额相应项目执行。圆弧形等不规则地面镶贴面层，饰面面层按相应项目人工乘以系数 1.15，材料消耗量损耗按实调整。

3）石材图案镶贴应按镶贴图案的矩形面积计算，成品拼花按设计图案的面积计算，不分解。在计算主体地面工程量中要扣除，应按"算多少扣多少"的原则执行。

4）波打线一般为块料楼（地）面沿墙边四周所做的装饰线，宽度不等。波打线按图示尺寸以平方米计算，波打线与地面面层不能合并计算，应单独列项计算。

5）镶贴块料项目是按规格料考虑的，如需现场倒角、磨边者按定额"其他装饰工程"相应项目执行。

6）石材楼地面需做分格、分色的，按相应项目人工乘以系数 1.10。

7）块料面层粘贴砂浆厚度中，注明的石材、陶瓷地砖、陶瓷锦砖、水泥花砖、缸砖、广场砖粘贴厚度均为 20mm，设计粘贴厚度与定额厚度不同时，按找平层每增减子目进行调整。

8）木地板安装按成品企口考虑，若采用平口安装，其人工乘以系数 0.85。

4. 踢脚线

1）踢脚线按图示长度乘以高度以面积计算，门洞口的长度要减掉，门洞口侧面的长度要增加，突出墙面的柱子侧边要增加。

2）楼梯间踢脚线、分梯段部分和平台部分分别列项，梯段部分容易漏算小三角形面积弧形踢脚线、梯段部分踢脚线套定额时人工机械要乘以相应系数。

5. 楼梯面层

1）楼梯面层按直形楼梯、弧形楼梯、螺旋形楼梯分别列项。石材螺旋形楼梯按弧形楼梯项目人工乘以系数 1.2。

2）楼梯投影面积范围内，包括了踏步、休息平台和宽度 ≤ 500mm 的梯井，楼层平台并入相应楼地面工程量内，楼梯踏步侧边装饰按零星项目计算。

3）楼梯间首层地面及踢脚线容易漏算。

4）楼梯面层需要做找平层时，按投影面积乘以系数 1.365 后执行地面找平层定额项目。

5）计算楼梯面层工程量时容易漏掉单元数、层数，要注意楼梯面层层数与建筑物自然层之间的关系。

6. 台阶面层

1）砖砌台阶的找平层按投影面积乘以系数 1.48 后，套用楼地面找平层的子目。

2）台阶面层按水平投影面积计算，不包括牵边、侧面装饰。台阶侧边装饰、牵边应按展开面积计算，套用零星项目的相应子目。台阶最上层踏步扣除 300mm 后的平台容易漏算，要算至楼地面中。

7. 石材防护

1）水磨石地面包含酸洗、打蜡，其他块料项目如需做酸洗、打蜡者单独执行相应酸洗、打蜡项目。

2）定额新增了石材地面结晶子目，此子目属于工程装修中新工艺，为石材表面深度净面及养护工艺，与酸洗、打蜡子目同属于表面清洁养护。在套取子目上，应根据具体的要求及做法各自套用，不可重复套用。

（二）楼地面工程计价工程量计算规则

1）楼地面找平层及整体面层按设计图示尺寸以面积计算。扣除凸出地面构筑物、设备基础、室内铁道、地沟等所占面积，不扣除间壁墙及单个面积 $\leqslant 0.3m^2$ 的柱、垛、附墙烟囱及孔洞所占面积。门洞、空圈、暖气包槽、壁龛的开口部分不增加面积。

2）块料面层、橡塑面层、其他材料面层。

① 块料面层、橡塑面层及其他材料面层按设计图示尺寸以面积计算。门洞、空圈、暖气包槽、壁龛的开口部分并入相应的工程量内。

② 石材拼花按最大外围尺寸以矩形面积计算。有拼花的石材地面，按设计图示尺寸扣除拼花的最大外围矩形面积计算。

③ 镶嵌规格在 100mm×100mm 以内的石材执行点缀项目，点缀按"个"计算，计算主体铺贴地面面积时，不扣除点缀所占面积。

④ 石材底面刷养护液包括侧面涂刷，工程量按设计图示尺寸以底面积加侧面面积计算。石材表面刷保护液按设计图示尺寸以表面积计算。

⑤ 块料、石材勾缝区分规格按设计图示尺寸以面积计算。

3）踢脚线按设计图示长度乘高度以面积计算。楼梯靠墙踢脚线（含锯齿形部分）贴块料按设计图示面积计算。

4）楼梯面层按设计图示尺寸以楼梯（包括踏步、休息平台及 $\leqslant 500mm$ 的楼梯井）水平投影面积计算。楼梯与楼地面相连时，算至梯口梁内侧边沿；无梯口梁者，算至最上一层踏步边沿加 300mm。

5）台阶面层按设计图示尺寸以台阶（包括最上层踏步边沿加 300mm）水平投影面积计算。

6）零星项目按设计图示尺寸以面积计算。

7）防滑条如无设计要求时，按楼梯、台阶踏步两端距离减 300mm 以长度计算。

8）分格嵌条按设计图示尺寸以"延长米"计算。

9）块料楼地面做酸洗、打蜡或结晶者，设计图示尺寸以表面积计算。

（三）案例

【例 3.1】如图 3.12 所示，某装饰样板间地面做法：C20 预拌细石混凝土垫层 150mm 厚，20mm 厚 DS M20 干混地面砂浆整体面层，面层素水泥浆随打随抹光，按描述编制清单项目，并根据《湖北省房屋建筑与装饰工程消耗量定额及全费用基价表》（2018）计算相应的计价工程量（墙体厚度 240mm，中间为 L 型设备基础）。

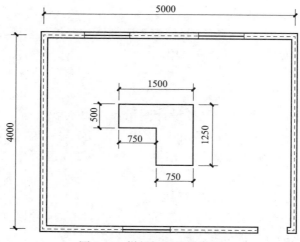

图 3.12 样板间地面示意图

步骤：根据描述，该项目列垫层、水泥砂浆楼地面2个清单项，确定计价工程量计算时，先根据项目特征描述确定定额子目，再根据《湖北省房屋建筑与装饰工程消耗量定额及全费用基价表》（2018）第九章计算规则计算相应计价工程量。

清单工程量：计算工程量时要注意室内净面积不包含墙体面积，设备基础要扣除，门洞开口处不增加。计价工程量：计价工程量规则与清单计算规则一致时，不必重新计算。此处要注意垫层厚度，大于60mm时，计价工程量按体积计算，套用混凝土分部定额子目；小于等于60mm时，计价工程量按面积计算，套用楼地面找平层定额子目。

计价工程量：同清单工程量。

解：根据计算规则，工程量计算见表 3.10、表 3.11，综合单价分析见表 3.12。

表 3.10　清单工程量计算表

序号	项目编码	项目名称	计量单位	数量	工程量计算式
1	010501001001	垫层	m³	2.49	室内净面积： $S_{净}=(4-0.24)\times(5-0.24)=17.90$（m²） 扣除设备基础所占面积： $S_{设}=0.5\times1.5+0.75\times0.75=1.31$（m²） 垫层体积 $V=(17.90-1.31)\times0.15=2.49$（m²）
2	011101001001	水泥砂浆楼地面	m²	16.59	室内净面积： $S_{净}=(4-0.24)\times(5-0.24)=17.90$（m²） 扣除设备基础所占面积： $S_{设}=0.5\times1.5+0.75\times0.75=1.31$（m²） 整体面层： $S=17.9-1.31=16.59$（m²）

表 3.11 计价工程量计算表

序号	项目编码	项目名称	计量单位	数量	工程量计算式
1	010501001001	垫层	m³	2.49	
	A2-1 换 C20	垫层	m³	2.49	同清单量
2	011101001001	水泥砂浆楼地面	m²	16.59	
	A9-10	干混砂浆楼地面	m²	16.59	同清单量

表 3.12 综合单价分析表

工程名称：例 3.1   第 1 页　共 1 页

序号	项目编码	工程项目名称	单位	数量	综合单价 / 元					
					人工费	材料费	机械使用费	管理费	利润	小计
1	010501001001	垫层	m³	2.49	41.96	353.9	0	11.86	8.28	416
	A2-1 换	现浇混凝土垫层换为【预拌混凝土C20】	10m³	0.249	419.54	3538.95	0	118.6	82.78	4159.87
2	011101001001	水泥砂浆楼地面	m²	16.59	9.03	10.92	0.64	1.37	1.42	23.38
	A9-10	整体面层干混砂浆楼地面，混凝土或硬基层上 20mm	100m²	0.1659	902.99	1091.57	63.69	137.17	141.52	2336.94

【例 3.2】某商店平面如图 3.13 所示，地面做法：C20 细石混凝土垫层 60mm 厚，25mm 厚 DS M20 干混地面砂浆找平层，1：2 白水泥白石子水磨石面层 15mm 厚，12mm×2mm 铜条分隔，距墙柱边 300mm 范围内按纵横 1m 宽分格。试按描述计算该地面工程清单工程量，并根据《湖北省房屋建筑与装饰工程消耗量定额及全费用基价表》（2018）计算相应的计价工程量。

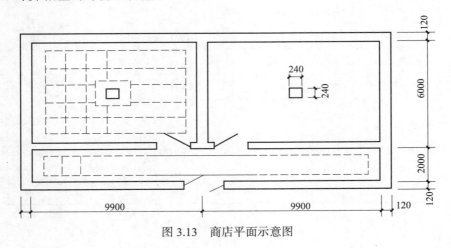

图 3.13 商店平面示意图

分 析

    清单工程量：现浇水磨石楼地面清单，计算工程量是要注意室内净面积不包含墙体面积，柱子的起扣点为0.3m²，门洞开口处不增加。

    计价工程量：现浇水磨石楼地面清单项目特征描述较为复杂，定额水磨石面层A9-23子目中不含找平砂浆，因此还需要单列找平层A9-1子目，且砂浆厚度要调整；定额水磨石面层A9-23子目中包含的嵌条为玻璃嵌条，题目设计为铜嵌条，按换算说明，此处要将A9-23子目中的玻璃用量扣除，单列嵌条A9-148子目，嵌条A9-148计价工程量按图示尺寸以延长米计算。

    解： 根据计算规则，工程量计算见表3.13、表3.14，综合单价分析见表3.15。

表3.13　清单工程量计算表

序号	项目编码	项目名称	计量单位	数量	工程量计算式
1	010501001001	垫层	m³	8.74	$S=（9.9-0.24）×（6-0.24）×2+（9.9×2-0.24）×（2-0.24）=145.71$（m²） $V=145.71×0.06=8.74$（m²）
2	011101002001	现浇水磨石楼地面	m²	145.71	（9.9-0.24）×（6-0.24）×2+（9.9×2-0.24）×（2-0.24）=145.71（m²）

表3.14　计价工程量计算表

序号	项目编码	项目名称	计量单位	数量	工程量计算式
1	010501001001	垫层	m³	8.74	
	A9-4换60厚	细石混凝土找平	m²	145.71	清单计算式中的面积
2	011101002001	水磨石楼地面	m²	145.71	
	*A9-1换25厚	平面砂浆找平层	m²	145.71	同清单量
	A9-23换（扣玻璃）	水磨石楼地面	m²	145.71	同清单量
	A9-148	水磨石铜嵌条	m	273.04	（9.9-0.24-0.6）×6+（6.00-0.24-0.6）×10=105.96（m） （9.9×2-0.24-0.6）×2+（2.00-0.24-0.6）×20=61.12（m） L：105.96×2+61.12=273.04（m）

表 3.15 综合单价分析表

工程名称：例 3.2   第 1 页 共 1 页

序号	项目编码	项目名称	单位	数量	综合单价/元					
					人工费	材料费	机械使用费	管理费	利润	小计
1	010501001001	垫层	m³	8.74	235.61	348.66	27.69	37.36	38.55	687.87
	A9-4 换	细石混凝土地面找平层30mm 实际厚度（mm）：60	100m²	1.4571	1413.3	2091.3	166.11	224.1	231.22	4126.03
2	011101002001	现浇水磨石楼地面	m²	145.71	58.15	38.53	2.29	8.58	8.85	116.4
	A9-1+A9-3	平面砂浆找平层 混凝土或硬基层上 20mm 实际厚度（mm）：25	100m²	1.4571	770.82	1350.1	79.61	120.7	124.5	2445.74
	A9-23 换	整体面层水磨石楼地面带嵌条15mm，若采用其他嵌条，材料［CL17045200］含量为 0	100m²	1.4571	4830.6	1692.5	149.63	706.7	729.11	8108.59
	A9-148	楼地面嵌金属分隔条 水磨石铜嵌条 2×12	100m	2.7304	113.94	432.63	0	16.17	16.68	579.42

【例 3.3】 某建筑底层平面如图 3.14 所示，墙厚 240mm，基层刷素水泥砂浆一道，30mm 厚 DS M20 干混地面砂浆铺设 500mm×500mm 中国红大理石，石材厚度 30mm，石材底面、侧面、表面刷防护液，石材面层密封剂勾缝。试计算清单工程量，并根据《湖北省房屋建筑与装饰工程消耗量定额及全费用基价表》（2018）计算相应的计价工程量。（M-1：1000mm×2000mm；M-2：1200mm×2000mm；M-3：900mm×2400mm）

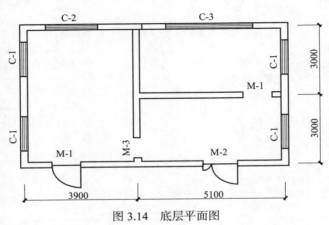

图 3.14 底层平面图

分 析

清单工程量：块料楼地面清单，计算工程量时按实铺面积计算，门洞开口处要增加。

计价工程量：块料楼地面清单项目特征中的基层刷浆列A9-13子目；石材楼地面按规格列A9-31子目，该定额中只包含20mm厚粘贴砂浆，题目设计为30mm，要套用找平层增减子目A9-3调整厚度；该清单项目特征描述石材底面、侧面要刷防护液，需要列刷防护液A9-40子目，石材防护液按单块石材刷底面和四个侧面计算工程量；面层刷防护液A9-42按图示表面积计算，密封剂勾缝处理按石材规格列A9-49子目，按图示表面积计算。

解：根据计算规则，工程计算见表 3.16 和表 3.17，综合单价分析见表 3.18。

表 3.16　清单工程量计算表

序号	项目编码	项目名称	计量单位	数量	工程量计算式
1	011102001001	石材楼地面	m²	48.89	$S_{\text{净}}$＝（3.9-0.24）×（3+3-0.24）+（5.1-0.24）×（3-0.24）×2 ＝21.082+26.827=47.91（m²） 门洞开口处：（1+1+1.2+0.9）×0.24=0.98（m²） 石材楼地面工程量：47.91+0.98=48.89（m²）

表 3.17　计价工程量计算表

序号	项目编码	项目名称	计量单位	数量	工程量计算式
1	011102001001	石材楼地面	m²	48.89	
	A9-13	素水泥浆一遍	m²	48.89	同清单量
	A9-31	石材楼地面	m²	48.89	同清单量
	A9-3×2	找平层 5 厚	m²	48.89	同清单量
	A9-40	石材底面养护	m²	60.62	单块涂刷面积： 0.5×0.5+0.5×4×0.03=0.31（m²） 48.89÷0.25=196（块） 总涂刷面积： 196×0.31=60.62（m²）
	A9-42	石材表面养护	m²	48.89	图示尺寸表面积
	A9-49	密封剂勾缝	m²	48.89	同清单量

表 3.18　综合单价分析表

工程名称：例 3.3 　　　　　　　　　　　　　　　　　　　　　第 1 页　共 1 页

序号	项目编码	项目名称	单位	数量	综合单价 / 元					
					人工费	材料费	机械使用费	管理费	利润	小计
1	011102001001	石材楼地面	m³	48.89	39.35	170.85	0.96	5.72	5.9	222.78
	A9-13	整体面层 干混砂浆楼地面 每增减一遍素水泥浆	100m²	0.4889	105.43	56.41	0	14.96	15.43	192.23
	A9-31	石材楼地面每块面积 0.36m² 以内	100m²	0.4889	2499.74	15143	63.69	363.75	375.29	18445.8
	A9-3×2	平面砂浆找平层 每增减 5mm 单价 ×2	100m²	0.4889	185.48	538.82	31.84	30.84	31.82	818.8
	A9-40	石材底面刷养护液光面	100m²	0.6062	348.77	179.31	0	49.49	51.06	628.63
	A9-42	石材表面刷保护液	100m²	0.4889	348.77	793.5	0	49.49	51.06	1242.82
	A9-49	陶瓷地砖密封剂勾缝单块地砖 0.36m² 以内	100m²	0.4889	363.34	330.27	0	51.56	53.19	798.36

【例 3.4】某学校实训样板间铺贴 600mm×600mm 黄色大理石板，其中有一块拼花，如图 3.15 所示，试计算其清单工程量。

解：1）样板间地面拼花按碎石材楼地面编码列项，工程量按镶贴图案的矩形面积计算。

$$3×1.5=4.5（m^2）$$

2）主体铺材，米黄大理石按石材楼地面编码列项。

计算图案之外的石材装饰面积应按"算多少扣多少"的原则，将石材拼花的工程量扣除。

全面积：

$$（3+4.5）×（4.1+3.45+1.83+0.12×3+2.7）=93.3（m^2）$$

扣除墙体所占面积：

$$（3.45+1.83+0.12×3+3.05+1.48+2.7+0.12×3+3.64×2+1.28+2.34×3）×$$
$$0.12=28.81×0.12=3.45（m^2）$$

扣除拼花 4.5m²

增加门洞开口处：

$$(1.72+0.81+0.75×2+1.06)×0.12=0.61（m^2）$$

石材楼地面工程量：

$$93.3-3.45-4.5+0.61=85.96（m^2）$$

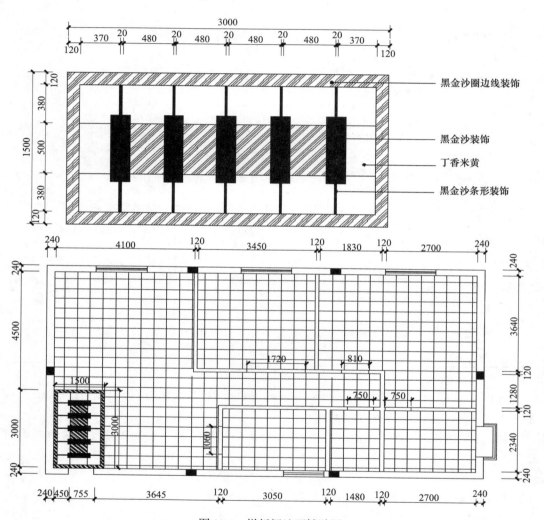

图 3.15　样板间地面铺贴图

【例 3.5】 某房屋平面如图 3.16 所示，室内瓷砖胶粘贴 200mm 高黑色花岗岩板踢脚线。试计算清单工程量，并根据《湖北省房屋建筑与装饰工程消耗量定额及全费用基价表》（2018）计算相应的计价工程量。

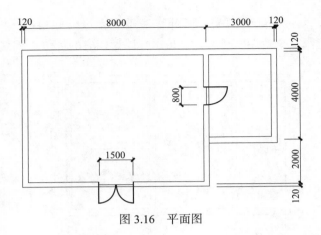

图 3.16　平面图

分　析

　　踢脚线清单工程量与计价工程量计算规则一致，计算净周长时，门洞开口处要扣除，门洞侧壁要增加。

　　解：根据计算规则，工程量计算见表 3.19，综合单价分析见表 3.20。

表 3.19　工程量计算表

序号	项目编码	项目名称	计量单位	数量	工程量计算式
1	011105002001	石材踢脚线	m²	7.59	$L_{净}=$（8-0.24+6-0.24）×2+（4-0.24+3-0.24）×2-1.5-0.8×2+0.24×4=37.94（m） S：37.94×0.2=7.59（m²）
	A9-103	石材踢脚线	m²	7.59	同清单量

表 3.20　综合单价分析表

工程名称：例 3.5　　　　　　　　　　　　　　　　　　　　　　　第 1 页　共 1 页

序号	项目编码	项目名称	单位	数量	综合单价/元					
					人工费	材料费	机械使用费	管理费	利润	小计
1	011105002001	石材踢脚线	m²	7.59	40.24	143.51	0.75	5.82	6	196.32
	A9-103	踢脚线 石材	100m²	0.0759	4024.36	14351.25	74.93	581.69	600.14	19632.37

　　【例 3.6】某房屋平面图如图 3.17 所示，踢脚线为高度 150mm 的块料踢脚线。其中，

M-1：1200×2400，M-2：900×2400。试计算清单工程量，并根据《湖北省房屋建筑与装饰工程消耗量定额及全费用基价表》（2018）计算相应的计价工程量。

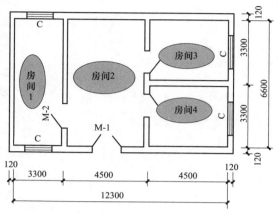

图 3.17 室内平面图

解：根据工程量计算规则，工程量计算见表 3.21，综合单价分析见表 3.22。

表 3.21 工程量计算表

序号	项目编码	项目名称	计量单位	数量	工程量计算式
1	011105003001	块料踢脚线	m²	9.63	房间 1：$L=（6.6-0.24+3.3-0.24）×2-0.9=17.94$（m） 房间 2：$L=（6.6-0.24+4.5-0.24）×2-0.9×3-1.2=17.34$（m） 房间 3：$L=（4.5-0.24+3.3-0.24）×2-0.9=13.74$（m） 房间 4 同房间 3，$L=13.74$（m） 门洞口侧壁：$0.24×6=1.44$（m） 小计长度：$17.94+17.34+13.74×2+1.44=64.2$（m） 面积：$64.2×0.15=9.63$（m²）
	A9-104	陶瓷地砖踢脚线	m²	9.63	同清单量

表 3.22 综合单价分析表

工程名称：例 3.6 　　　　　　　　　　　　　　　　　　　　　　　　　　　　　　第 1 页 共 1 页

序号	项目编码	项目名称	单位	数量	综合单价 / 元					
					人工费	材料费	机械使用费	管理费	利润	小计
1	011105003001	块料踢脚线	m²	9.63	43.49	52.63	0.75	6.28	6.48	109.63
	A9-104	踢脚线 陶瓷地面砖	100m²	0.0963	4349.1	5263	74.93	627.77	647.68	10962.48

【例 3.7】某四层不上人型屋面，双跑楼梯平面图如图 3.18 所示，基层采用 20mm 厚

DS M20 干混地面砂浆找平，面层铺花岗石板（未考虑防滑条），石材胶粘贴，踏步边磨加厚半圆边处理。试计算清单计算工程量，并根据《湖北省房屋建筑与装饰工程消耗量定额及全费用基价表》（2018）计算相应的计价工程量。

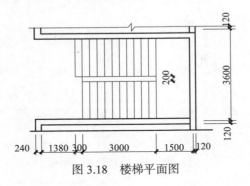

图 3.18　楼梯平面图

分析

　　石材楼梯面清单工程量与计价工程量规则一致，都是按踏步、休息平台、≤500mm宽梯井的净投影面积计算，不含楼层平台。注意楼梯与楼层平台的分界线、楼梯的层数容易漏算。清单项石材楼梯面项目特征中如有基层找平，则按投影面积乘以系数1.365后套楼地面找平A9-1子目；踏步现场磨边按延长米计算。

　　解：根据工程量计算规则，清单工程量、计价工程量计算分别见表3.23和表3.24，综合单价分析见表3.25。

表 3.23　清单工程量计算表

序号	项目编码	项目名称	计量单位	数量	工程量计算式
1	011106001001	石材楼梯面	m²	47.16	（3+0.3+1.5-0.12）×（3.6-0.24）×3（楼梯层数）=15.72×3=47.16（m²）

表 3.24　计价工程量计算表

序号	项目编码	项目名称	计量单位	数量	工程量计算式
1	011106001001	石材楼梯面	m²	47.16	
	A9-1	平面砂浆找平层	m²	64.37	47.16×1.365=64.37（m²）
	A9-116	胶黏剂贴石材楼梯面	m²	47.16	同清单量
	A14-267	石材磨加厚半圆边	m	104.28	（3.6-0.24-0.2）×11×3=104.28（m）

表 3.25 综合单价分析表

工程名称：例 3.7 　　　　　　　　　　　　　　　　　　　　　　第 1 页　共 1 页

序号	项目编码	项目名称	单位	数量	综合单价 / 元					
					人工费	材料费	机械使用费	管理费	利润	小计
1	011106001001	石材楼梯面层	m²	47.16	163.03	223.27	0.87	23.26	23.99	434.52
	A9-1	平面砂浆找平层混凝土或硬基层上 20mm	100m²	0.6437	678.08	1080.72	63.69	105.26	108.6	2036.35
	A9-116	楼梯面层石材胶粘剂	100m²	0.4716	5130.28	20766.57	0	727.99	751.07	27375.91
	A14-267	石材磨制、抛光 加厚半圆边	100m	1.0428	4634.21	43	0	657.59	678.45	6013.25

【**例 3.8**】某建筑楼梯如图 3.19 所示，基层采用 20mm 厚 DS M20 干混地面砂浆找平，面层黏结剂铺灰麻花岗石板，踏步边磨加厚半圆边。试计算清单计算工程量，并根据《湖北省房屋建筑与装饰工程消耗量定额及全费用基价表》（2018）计算相应的计价工程量。

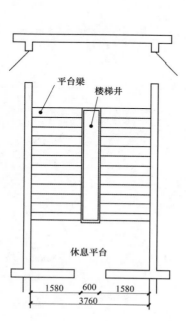

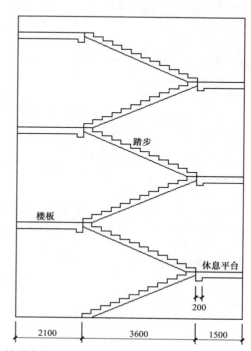

图 3.19　楼梯布置图

分　析

　　本例中梯井宽度超过500mm，所以要扣除；楼梯与楼层平台的分界线为最上层踏步加300mm。这里楼梯的层数容易漏算。清单项石材楼梯面项目特征中如有基层找平，则按投影面积乘以系数1.365后套楼地面找平A9-1子目；踏步磨边按延长米计算。

　　解：根据工程量计算规则，清单工程量、计价工程量计算分别见表3.26、表3.27，综合单价分析见表3.28。

表3.26　清单工程量计算表

序号	项目编码	项目名称	计量单位	数量	工程量计算式
1	011106001001	石材楼梯面	m²	53.3	$S_{净}=[3.76×（3.6+1.5+0.2）-3.6×0.6]×3$ $=53.30（m²）$

表3.27　计价工程量计算表

序号	项目编码	项目名称	计量单位	数量	工程量计算式
1	011106001001	石材楼梯面	m²	53.3	
	A9-1	平面砂浆找平层	m²	72.75	53.3×1.365=72.75（m²）
	A9-116	胶黏剂贴石材楼梯面	m²	53.3	同清单量
	A14-267	石材磨加厚半圆边	m	113.76	1.58×12×2×3=113.76（m）

表3.28　综合单价分析表

工程名称：例3.8　　　　　　　　　　　　　　　　　　　第1页　共1页

序号	项目编码	项目名称	单位	数量	人工费	材料费	机械使用费	管理费	利润	小计
1	011106001001	石材楼梯面层	m²	53.3	159.47	223.33	0.87	22.75	23.47	429.89
	A9-1	平面砂浆找平层 混凝土或硬基层	100m²	0.7275	678.08	1080.72	63.69	105.26	108.6	2036.35
	A9-116	楼梯面层 石材黏结剂	100m²	0.533	5130.28	20766.57	0	727.99	751.07	27375.91
	A14-267	石材磨制、抛光 加厚半圆边	100m	1.1376	4634.21	43	0	657.59	678.45	6013.25

综合单价（元）

【例3.9】 某学院办公楼入口台阶平面图如图3.20所示，基层采用DS M20干混地面砂浆找平，灰麻火烧板胶黏剂贴面，踏步倒角磨边，试计算清单工程量，并根据《湖北省房屋建筑与装饰工程消耗量定额及全费用基价表》（2018）计算相应的计价工程量。

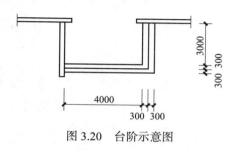

图3.20 台阶示意图

石材台阶清单工程量与计价工程量计算规则一致，按投影面积计算，与平台分界线为最上层踏步外加300mm。砖砌台阶找平层，按水平投影面积乘以系数1.48后套楼地面找平层子目；踏步边沿现场磨边按延长米计算。

解： 根据工程量计算规则，清单工程量、计价工程量计算式分别见表3.29、表3.30，综合单价分析见表3.31。

表3.29 清单工程量计算表

序号	项目编码	项目名称	计量单位	数量	工程量计算式
1	011107001001	石材台阶面	m²	6.57	$S_{投}=4.6×3.6-3.7×2.7=6.57$（m²）

表3.30 计价工程量计算表

序号	项目编码	项目名称	计量单位	数量	工程量计算式
1	011107001001	石材台阶面	m²	6.57	$S_{净}=4.6×3.6-3.7×2.7=6.57$（m²）
	A9-1	平面砂浆找平层	m²	9.72	6.57×1.48=9.72（m²）
	A9-133	黏结剂贴石材台阶面	m²	6.57	同清单量
	A14-267	石材磨加厚半圆边	m	22.8	4.6+4.3+4+3.6+3.3+3=22.8（m）

表 3.31　综合单价分析表

工程名称：例 3.9

序号	项目编码	项目名称	单位	数量	综合单价 / 元					
					人工费	材料费	机械使用费	管理费	利润	小计
1	011107001001	石材台阶面	m²	6.57	210.54	246.69	0.94	30.01	30.96	519.14
	A9-1	平面砂浆找平层 混凝土或硬基层上	100m²	0.0972	678.08	1080.72	63.69	105.26	108.6	2036.35
	A9-133	台阶装饰 石材 黏结剂	100m²	0.0657	3968.77	22920.89	0	563.17	581.03	28033.86
	A14-267	石材磨制、抛光 加厚半圆边	100m	0.228	4634.21	43	0	657.59	678.45	6013.25

【例 3.10】根据图 3.21 中数据（饰面尺寸）计算该台阶侧边花岗岩板清单工程量，并根据《湖北省房屋建筑与装饰工程消耗量定额及全费用基价表》（2018）计算相应的计价工程量。

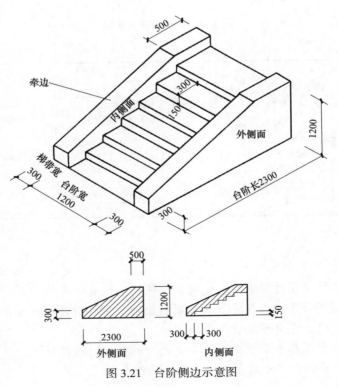

图 3.21　台阶侧边示意图

建筑装饰工程计量与计价

分 析

石材零星项目清单工程量与计价工程量计算规则一致，均按展开表面积计算。

解： 根据工程量计算规则，工程量计算式见表 3.32，综合单价分析见表 3.33。

表 3.32　工程量计算表

序号	项目编码	项目名称	计量单位	数量	工程量计算式
1	011108001001	石材零星项目	m²	7.22	$S_{外}=（0.5+2.3）/2×0.9+0.3×2.3=1.95$（m²） $S_{内}=S_{外}-（0.15×0.3×15+0.5×0.15×6）$ 　　$=1.95-1.13=0.82$（m²） 牵边斜长：2.01（m） $S_{牵边}=（0.3+0.5+2.01）×0.3=0.84$（m²） 合计：$（1.95+0.82+0.84）×2=7.22$（m²）
	A9-143	砂浆贴石材零星项目	m²	7.22	同清单量

表 3.33　综合单价分析表

工程名称：例 3.10　　　　　　　　　　　　　　　　　　　　　　　　第 1 页　共 1 页

序号	项目编码	项目名称	单位	数量	综合单价 / 元					
					人工费	材料费	机械使用费	管理费	利润	小计
1	011108001001	石材零星项目	m²	7.22	47.42	157.49	0.79	6.84	7.06	219.6
	A9-143	零星装饰项目 石材 砂浆	100m²	0.0722	4742.3	15748.79	78.69	684.1	706.79	21959.65

▌本节学习提示

在楼地面工程列项过程中，应先对该地区的定额有一定的认识，再进行合理的列项，否则在进行计算中，又会回头更正错误的项目和对应的计量单位，使预算工作的效率降低，因此要做好每一环节工作。

预算的每一步骤都不是独立的，不要使误差累计，这就是我们在预算中所说的关联性。因此，要做到"不漏项、不错项、不重项"。

100

本节我们主要学习的是楼地面的计算规则与列项，因此在列项中与图纸上相关的厨房、卫生间防水没有考虑，但在预算的计算规则学习完后，通常我们根据统筹的方法，可以在相应图中直接把地面防水工程项目直接列出，这样可以在后续章节避免重复计算工程量，以提高工作效率。

第三节　墙柱面工程

▌学习目标

1. 了解墙柱面材料的分类及适用范围。
2. 掌握不同类型的墙柱面装饰构造，主要分为抹灰类墙面、贴面类墙面、镶板类墙面，熟悉墙柱面特殊部位的装饰构造。
3. 掌握墙柱面工程分部分项工程量清单编制。
4. 掌握墙柱面工程清单工程量计算规则的相关规定。
5. 掌握墙柱面工程计价工程量计算规则的相关规定。
6. 掌握墙柱面工程清单工程综合单价的形成过程。

▌能力要求

1. 能够根据施工图对墙柱面分项工程进行描述。
2. 能够运用清单工程量计算规则对施工图编制招标清单。
3. 能够运用计价工程量计算规则对分项工程进行综合单价分析。

一、墙柱面工程概述

墙面装饰包括建筑物外墙饰面和内墙饰面两部分。墙面是室内外空间的侧界面，是表达建筑装饰设计意图的载体。墙面装饰构造处理得当与否直接关系到空间环境的美观效果。不同的墙面有不同的使用和装饰要求，应根据不同的使用和装饰要求选择相应的材料、构造方法和施工工艺，以达到设计的实用性、经济性、装饰性。

（一）墙柱饰面的基本功能

1）保护墙体，提高墙体的耐久性，弥补和改善墙体在功能方面的不足。

2）装饰外观。建筑物的外观效果，虽然主要取决于该建筑的体量、形式、比例、尺度、虚实对比等艺术处理手法，但墙面装饰所表现的质感、色彩、线型等也是构成总体效果的重要因素。采用不同的墙面材料有不同的构造形式，可以产生不同的使用和装饰效果。

3）改善墙体的物理性能。墙体饰面构造除具有装饰、保护墙体的作用之外，还能改善墙体的物理性能。一方面墙面经过装饰厚度加大，另一方面饰面层使用了一些有特殊性能的材料，提高了墙体保温、隔热、隔声、聚光等功能。

4）保证室内使用条件。室内墙面经过装饰，表面平整、光滑，不仅便于清扫和保持卫生，而且可以增加光线的反射，提高室内光照度，有益于人们在室内的正常工作和生活。

（二）墙柱面装饰的分类及项目设置

1. 墙面分类

建筑的墙体饰面类型，按材料和施工方法的不同可分为抹灰类、涂刷类、贴面类、裱糊类、镶板类、幕墙类等。其中裱糊类、镶板类应用于室内墙面；幕墙类应用于室外墙面；其他几类可应用于室内、室外墙面。

2. 清单项目设置

墙柱面工程清单包含10节35个分项，其项目设置见表3.34。

表 3.34 墙柱面工程清单设置明细

序号	清单名称	分项数量
01	墙面抹灰	4
02	柱（梁）面抹灰	4
03	零星抹灰	3
04	墙面块料面层	4
05	柱（梁）面镶贴块料	5
06	镶贴零星块料	3
07	墙饰面	2
08	柱（梁）饰面	2
09	幕墙工程	2
10	隔断	6
合计		35

3. 项目特征描述注意事项

1）零星装修适用于面积在 $0.5m^2$ 以内的少量分散的面层。

2）柱面装饰适用于独立的矩形柱、异形柱（包含圆柱、半圆柱）。附墙柱一般合并到墙面装饰中。

3）隔断、幕墙上的门窗可以在隔断、幕墙内体现报价，也可以单独编码列项。

二、墙柱面工程清单编制

（一）墙面抹灰（编码：011201）

抹灰类饰面装饰又称水泥灰浆类饰面、砂浆类饰面，通常选用各种加色的或不加色的水泥砂浆、石灰砂浆、混合砂浆、石膏砂浆、石灰膏以及水泥石渣浆等，做成的各种装饰抹灰层。装饰抹灰取材广泛，施工方便，与墙体附着力强，但手工操作居多，湿作业量大，劳动强度高，且耐久性较差。

1. 构造做法

抹灰类饰面的基本构造，一般分为底层抹灰、中层抹灰和面层抹灰三层，如图 3.22 所示。

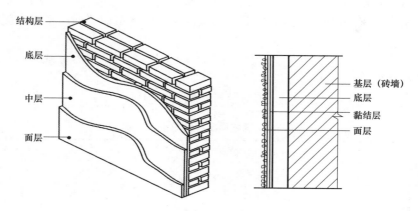

图 3.22　抹灰类墙面构造

（1）底层抹灰

底层抹灰是对墙体基层的表面处理，墙体基层材料的不同，处理的方法也不相同。

1）砖墙面的底层抹灰。由于砖墙面是用手工砌筑的，一般平整度较差，且灰缝中砂浆的饱满度不一样，墙面凹凸不平，所以在做饰面前，需用水泥砂浆或混合砂浆进行基底处理（也称刮糙，厚度控制在 10mm 左右），基底处理前应先湿润墙面，基底处理后必须浇水养护一段时间。

2）混凝土墙体的底层抹灰。混凝土墙体用模板浇筑而成，表面较光滑，平整度相对较高，所以在抹灰前应对墙面进行处理。处理方法一般先凿毛、甩浆、划纹、除油或涂抹一层渗透性较好的界面材料，然后再进行底层抹灰。

3）加气混凝土墙体的底层抹灰。加气混凝土墙体表面密度小、孔隙大、吸水性强，在抹灰时砂浆很容易失水而与墙面无法有效黏结。一般应先在整个墙面上涂刷一层建筑胶，再进行底层抹灰；或者在墙面满钉 0.07mm 细径镀锌钢丝网（网格尺寸约为32×32），然后进行底层抹灰。

4）砌块填充墙体底层抹灰。对于框架结构填充墙体，一般采用加气混凝土砌块、粉煤灰砌块、矿渣砌块等，抹灰前需在墙体表面涂刷建筑胶。在砌块与框架的梁、柱、板结合处需加镀锌钢丝网，以抵抗其变形的差异，然后再进行墙面抹灰。

5）保温墙体底层抹灰。在北方，为提高外围护墙体的保温性能，节约能源，很多地方外围护墙都采用复合墙体。一般外保温多采用聚苯乙烯泡沫塑料板、保温砂浆等保温材料。在抹底灰前应将镀锌钢丝网固定在保温材料的外表面，通过膨胀螺栓、钢钉等将镀锌钢丝网与墙体紧密连接，以稳固保温材料并增强抹灰层的整体性。在保温材料的外表面还应涂刷一层建筑胶，然后进行墙面抹灰，如图 3.23 所示。

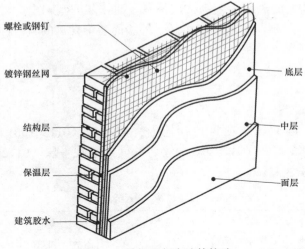

图 3.23 外保温复合墙体构造

底层抹灰的作用是使灰浆与基层墙体黏结并初步找平。外墙底层抹灰一般多采用水泥砂浆、石灰砂浆、保温砂浆等，内墙底层抹灰多采用混合砂浆、纸筋（麻刀）砂浆、石膏灰、水泥砂浆、保温砂浆等。

（2）中层抹灰

中层抹灰主要起结合和进一步找平的作用，还可以弥补底层抹灰的干缩裂缝。根据墙体平整度与饰面质量要求，中层抹灰可以一次抹成，也可分多次抹成。

（3）面层抹灰

面层抹灰主要起装饰作用，要求表面平整、均匀、无裂缝。

根据所用材料和施工方法的不同，面层抹灰可分为普通抹灰和装饰抹灰。

1）普通抹灰饰面构造。外墙面普通抹灰由于防水和抗冻要求比较高，一般采用 1∶2.5 或 1∶3 水泥砂浆抹灰，并表面压光或搓成麻面。

内墙面普通抹灰一般采用混合砂浆抹灰、水泥砂浆抹灰、纸筋麻刀灰抹灰和石灰膏罩面。对于室内有防潮要求的应用水泥砂浆抹灰，室内门窗洞口、内墙阳角、柱子四周等易损部位应用强度较高的 1∶2 水泥砂浆抹出或预埋角钢做成护角，如图 3.24 所示。

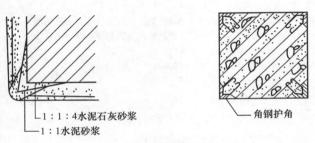

图 3.24 墙和柱的护角

2）装饰抹灰构造。外墙面装饰抹灰是在普通抹灰的基础上，对抹灰表面进行装饰性处理，在施工工艺及质量方面要求更高。外墙面装饰常见的有假面砖饰面、斩假石饰面、水刷石饰面、干粘石饰面。

2．清单编制

（1）清单项目设置

清单项目中，墙面抹灰项目包括墙面一般抹灰（011201001）、墙面装饰抹灰（011201002）、墙面勾缝（0110201003）、立面砂浆找平层（011201004）4个分项，其项目设置要求见表3.35。

表 3.35　墙面抹灰（编码：011201）

项目编码	项目名称	项目特征	计量单位	工程量计算规则	工程内容
011201001	墙面一般抹灰	1. 墙体类型 2. 底层厚度、砂浆配合比 3. 面层厚度、砂浆的配合比 4. 装饰面材料种类 5. 分格缝宽度，材料种类	m²	按设计图示尺寸以面积计算。扣除墙裙、门窗洞口及单个面积>0.3m²的孔洞，不扣除踢脚线、挂镜线和墙与构件交接处的面积，门窗洞口和孔洞的侧壁（图3.25）及顶面不增加面积。附墙柱、梁、垛、烟囱侧壁并入相应的墙面面积内。	1. 基层清理 2. 砂浆制作、运输 3. 底层抹灰 4. 抹面层 5. 抹装饰面 6. 勾分格缝
011201002	墙面装饰抹灰				
011201003	墙面勾缝	1. 勾缝类型 2. 勾缝材料种类		1. 外墙抹灰面积按外墙垂直投影面积计算 2. 外墙裙抹灰面积按其长度乘以高度计算 3. 内墙抹灰面积按主墙间的净长乘以高度计算 ①无墙裙的，高度按室内楼地面至天棚底面计算 ②有墙裙的，高度按墙裙顶至天棚底面计算	1. 基层清理 2. 砂浆制作、运输 3. 勾缝
011201004	立面砂浆找平层	1. 基层类型 2. 找平层砂浆厚度、配合比		③有吊顶天棚抹灰，高度算至天棚底 4. 内墙裙抹灰面按内墙净长乘以高度计算	1. 基层清理 2. 砂浆制作、运输 3. 抹灰找平

注：1. 立面砂浆找平项目适用于仅做找平层的立面抹灰。
2. 墙面抹灰灰砂浆、水泥砂浆、混合砂浆、聚合物水泥砂浆、麻刀石灰砂浆、石膏灰浆等，按一般抹灰列项；墙面水刷石、斩假石、干粘石、假面砖等按墙面装饰抹灰列项。
3. 飘窗凸出外墙面增加的抹灰并入外墙工程量内。
4. 有吊顶天棚的内墙抹灰，抹至吊顶以上部分在综合单价中考虑。

（2）清单工程量计算规则解释

墙面抹灰分内外墙墙面、墙裙等部位以面积计算。

1）外墙抹灰面积按外墙垂直投影面积计算。

2）外墙裙抹灰面积按其长度乘以高度计算。

3）内墙裙、墙面抹灰面积按墙净长乘以高度计算。

4）内墙抹灰按高度计算（分层计算）。

① 无墙裙的，高度按室内楼地面至天棚底面计算。

② 有墙裙的，高度按墙裙顶面至天棚底面计算。

墙面抹灰不扣除"墙与构件交接处的面积"，是指墙与梁的交接处所占面积，不包括墙面与楼板交接处面积。

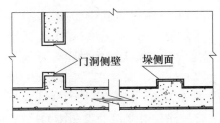

图 3.25　门洞口侧壁及柱垛侧壁示意图

5）外墙抹灰高度计算（拉通计算）。

① 下面无勒脚的，高度按设计室内外地面算起；有勒脚的，高度按勒脚上方算起。

② 屋面女儿墙有压顶的，算至压顶上方；屋面板挑檐无组织排水的，算至板底。

（二）柱（梁）面抹灰（编码：011202）

1．适用范围

柱梁面抹灰适用于独立柱、单独的梁。附墙柱合并到相应墙面工程。

2．清单编制

（1）清单项目设置

清单项目中，柱面抹灰项目包含柱（梁）面一般抹灰（011202001）、柱（梁）面装饰抹灰（011202002）、柱（梁）面砂浆找平（011202003）、柱面勾缝（011202004）共4个分项，其项目设置要求见表3.36。

表3.36　柱（梁）面抹灰（编码：011202）

项目编码	项目名称	项目特征	计量单位	工程量计算规则	工程内容
011202001	柱（梁）面一般抹灰	1. 柱（梁）体类型 2. 底层厚度、砂浆配合比 3. 面层厚度、砂浆配合比 4. 装饰面材料种类 5. 分格缝宽度，材料种类	m²	1. 柱面抹灰，按设计图示柱断面周长乘以高度以面积计算。 2. 梁面抹灰，按设计图示梁断面周长乘以长度以面积计算	1. 基层清理 2. 砂浆制作、运输 3. 底层抹灰 4. 抹面层 5. 勾分格缝
011202002	柱（梁）面装饰抹灰				
011202003	柱（梁）面砂浆找平	1. 柱（梁）体类型 2. 找平的砂浆厚度、配合比			1. 基层清理 2. 砂浆制作、运输 3. 抹灰找平
011202004	柱面勾缝	1. 勾缝类型 2. 勾缝材料种类		按设计图示柱断面周长乘以高度以面积计算	1. 基层清理 2. 砂浆制作、运输 3. 勾缝

注：1. 砂浆找平项目适用于仅做找平层的柱（梁）面抹灰。

2. 柱（梁）面抹石灰砂浆、水泥砂浆、混合砂浆、聚合物水泥砂浆、麻刀石灰砂浆、石膏灰浆等，按一般抹灰列项。柱（梁）面水刷石、斩假石、干粘石、假面砖等按装饰抹灰列项。

（2）计算规则解释

1）表 3.36 中的柱（梁）面适用于独立柱、独立梁。附墙柱、梁面合并到相应墙面工程量内，带梁天棚中的梁合并到天棚工程量内。

2）柱面一般抹灰、装饰抹灰和勾缝，以柱断面周长乘以高度以面积计算，高度为实际抹灰高度，断面周长为柱结构断面周长，不含装饰层材料的厚度。

3）柱与梁交接处参照墙面抹灰计算规则。

（三）零星抹灰（编码：011203）

（1）清单项目设置

清单项目中，零星抹灰项目包含零星项目一般抹灰（011203001）、零星项目装饰抹灰（011203002）、零星项目砂浆找平（011203003）共 3 个分项，其项目设置要求见表 3.37。

表 3.37　零星抹灰（编码：011203）

项目编码	项目名称	项目特征	计量单位	工程量计算规则	工程内容
011203001	零星项目一般抹灰	1. 基层类型、部位 2. 底层厚度、砂浆配合比	m²	按设计图示尺寸以面积计算	1. 基层清理 2. 砂浆制作、运输 3. 底层抹灰 4. 抹面层 5. 抹装饰面 6. 勾分格缝
011203002	零星项目装饰抹灰	3. 面层厚度、砂浆配合比 4. 装饰面材料种类 5. 分格缝宽度，材料种类			
011203003	零星项目砂浆找平	1. 基层类型、部位 2. 找平砂浆厚度、配合比			1. 基层清理 2. 砂浆制作、运输 3. 抹灰找平

注：1. 零星项目抹石灰砂浆、水泥砂浆、混合砂浆、聚合物水泥砂浆、麻刀石灰砂浆、石膏灰浆等，按一般抹灰列项。水刷石、斩假石、干粘石、假面砖等按装饰抹灰列项。

2. 柱（梁）面≤0.5m² 的少量分散的抹灰面积按本表中零星项目抹灰编码列项。

（2）计算规则解释

零星抹灰适用于挑檐、天沟、腰线、窗台线、窗台板、门窗套、压顶、栏板扶手、遮阳板、雨篷周边等面积小于 0.5m² 以内少量分散的抹灰，按构件结构尺寸的展开面积计算。

（四）墙面块料面层（编码：011204）

1. 构造做法

块料墙面：块料墙面指采用天然或人造的块材粘贴或贴挂在墙体上的饰面。常见的构造形式有直接镶贴、贴挂、干挂。

1）直接镶贴构造做法（图 3.26）：底层找平砂浆（分层抹平并刮糙）；黏结砂浆（或黏结剂），粘贴各种块状或片状贴面材料；水泥细砂浆或水泥色浆填缝。

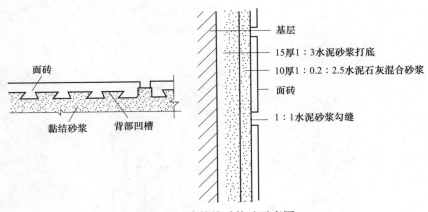

图 3.26　直接镶贴构造示意图

2）贴挂构造做法（图 3.27）：在基层上预埋铁件固定竖筋，间距 500 ～ 1000mm，按板材高度固定横筋；在板材上下沿钻孔或开槽口；用金属丝或金属扣件将板材绑挂在横筋上；板材与墙面的缝隙分层灌入水泥砂浆。

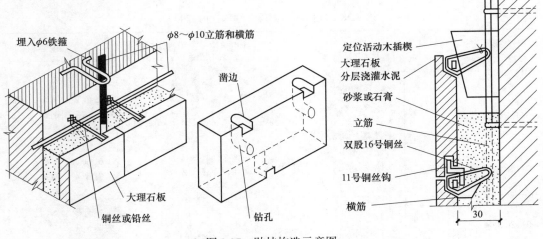

图 3.27　贴挂构造示意图

3）干挂构造做法（图 3.28）：在基层上按板材高度固定金属锚固件（或预埋铁件固定金属龙骨）；在板材上下沿开槽口；将金属扣件插入板材上下槽口与锚固件（或龙骨）连接；在板材表面缝隙中填嵌防水油膏。

2．清单编制

（1）清单项目设置

清单项目中，墙面块料面层项目包含石材墙面（011204001）、拼碎石材墙面（011204002）、块料墙面（011204003）、干挂石材钢骨架（011204004）共 4 个分项，其项目设置要求见表 3.38。

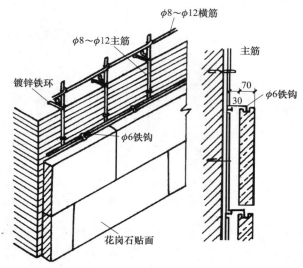

图 3.28　干挂构造示意图

表 3.38　墙面块料面层（编码：011204）

项目编码	项目名称	项目特征	计量单位	工程量计算规则	工程内容
011204001	石材墙面	1. 墙体的类型 2. 安装方式 3. 面层材料品种、规格、颜色 4. 缝宽、嵌缝材料种类 5. 防护材料种类 6. 磨光、酸洗、打蜡要求	m²	按镶贴表面积计算	1. 基层清理 2. 砂浆的制作、运输 3. 粘贴层铺贴 4. 面层安装 5. 嵌缝 6. 刷防护材料 7. 磨光、酸洗、打蜡
011204002	碎拼石材墙面				
011204003	块料墙面				
011204004	干挂石材钢骨架	1. 钢骨架种类、规格 2. 防锈漆的品种、遍数	t	按设计图示以质量计算	1. 骨架制作、运输、安装 2. 骨架油漆

注：1. 在描述碎块项目的面层材料特征时可不描述规格、颜色。
　　2. 石材、块料与黏结材料的结合面刷防渗材料的种类在防护材料种类中描述。
　　3. 安装方式可描述为砂浆或黏结剂粘贴、挂贴、干挂等，不论哪种安装方式，都要详细描述与组价相关的内容。

（2）清单工程量计算规则解释

1）装饰墙面按设计图示尺寸以镶贴表面积计算，应扣除踢脚线、挂镜线及墙与构件交接处的面积，门窗洞口的侧壁及顶面要增加。附墙的柱、梁、垛、烟囱侧壁并入墙面面积内。

2）干挂石材钢骨架按重量计算，先计算总长度或者面积，再乘以相应理论重量。

（五）柱（梁）面镶贴块料（编码：011205）

（1）清单项目设置

清单项目中，柱（梁）面镶贴块料项目包含石材柱面（011205001）、块料柱面（011205002）、拼碎块柱面（011205003）、石材梁面（011205004）、块料梁面（011205005）共5个分项，其项目设置要求见表3.39。

表3.39 柱（梁）面镶贴块料（编码：**011205**）

项目编码	项目名称	项目特征	计量单位	工程量计算规则	工程内容
011205001	石材柱面	1 柱截面类型，尺寸 2. 安装方式 3. 面层材料品种、规格、颜色 4. 缝宽、嵌缝材料种类 5. 防护材料种类 6. 磨光、酸洗、打蜡要求	m²	按镶贴表面积计算	1. 基层清理 2. 砂浆的制作、运输 3. 粘贴层铺贴 4. 面层安装 5. 嵌缝 6. 刷防护材料 7. 磨光、酸洗、打蜡
011205002	块料柱面				
011205003	拼碎块柱面				
011205004	石材梁面	1. 安装方式 2. 面层材料品种、规格、颜色 3. 缝宽、嵌缝材料种类 4. 防护材料种类 5. 磨光、酸洗、打蜡要求			
011205005	块料梁面				

注：1. 在描述碎块项目的面层材料特征时可不描述规格、颜色。
　　2. 石材、块料与黏结材料的结合面刷防渗材料的种类在防护材料种类中描述。
　　3. 柱（梁）面干挂石材的钢骨架按表3.38相应项目编码列项。

（2）清单工程量计算规则解释

1）表3.39中的柱（梁）面适用于独立柱、独立梁。附墙柱、梁面合并到相应墙面工程量内，带梁天棚中的梁合并到天棚工程量。

2）柱（梁）面安装块料面层，按设计图示饰面周长乘以高度以面积计算，饰面周长包含装饰层材料厚度，柱帽、柱墩饰面合并到柱身工程量计算。梁与柱交接的地方要扣除。

（六）镶贴零星块料（编码：011206）

（1）清单项目设置

清单项目中，镶贴零星块料项目包含石材零星项目（011206001）、块料零星项目（011206002）、拼碎块零星项目（011206003）共3个分项，其项目设置要求见表3.40。

表 3.40　镶贴零星块料（编码：011206）

项目编码	项目名称	项目特征	计量单位	工程量计算规则	工程内容
011206001	石材零星项目	1. 基层类型，部位 2. 安装方式 3. 面层材料品种、规格、颜色 4. 缝宽、嵌缝材料种类 5. 防护材料种类 6. 磨光、酸洗、打蜡要求	m^2	按设计图示尺寸以镶贴表面积计算	1. 基层清理 2. 砂浆的制作、运输 3. 面层安装 4. 嵌缝 5. 刷防护材料 6. 磨光、酸洗、打蜡
011206002	块料零星项目				
011206003	拼碎块零星项目				

（2）清单工程量计算规则解释

镶贴零星块料按设计图示尺寸以镶贴表面积计算，按实际铺贴长度乘以宽度计算，包含装饰材料的厚度。

（七）墙饰面（编码：011207）

1. 构造做法

在墙体中预埋木砖或预埋铁件；墙基层做防腐处理；固定木骨架或金属骨架（木龙骨要防火）；在骨架上钉基层板，铺钉、粘贴各种饰面板；木质饰面板清漆、罩面、勾缝。

（1）龙骨

龙骨按材质分木龙骨、轻钢龙骨、型钢龙骨、铝合金龙骨。根据面层材料种类选择合适的龙骨，按一定间距双向或单向布置。木龙骨要做防火处理，型钢龙骨要做防锈处理。图 3.29 所示为双向型钢龙骨示意图。

图 3.29　双向型钢龙骨示意图

（2）基层板

基层板主要起铺垫作用，常见的有胶合板、木芯板等，根据防火等级要求做防火处理。

（3）面层

面层主要起装饰作用，常见的有各类饰面板、金属板、玻璃、布艺软包硬包、皮革软包等。

2．清单编制

（1）清单项目设置

清单项目中，墙饰面项目只包含装饰板墙面（011207001）、墙面装饰浮雕（011207002）2个分项，但在装饰工程中应用非常广泛，其项目设置要求见表3.41。

表 3.41　墙饰面（编码：011207）

项目编码	项目名称	项目特征	计量单位	工程量计算规则	工程内容
011207001	装饰板墙面	1. 龙骨材料种类、规格、中距 2. 隔离层材料种类、规格 3. 基层材料种类、规格 4. 面层材料品种、规格、颜色 5. 压条材料种类、规格	m²	按设计图示墙净长乘以净高以面积计算。扣除门窗洞口及单个 0.3m² 以上的孔洞面积	1. 基层清理 2. 龙骨制作、运输、安装 3. 钉隔离层 4. 基层铺钉 5. 面层铺钉
011207002	墙面装饰浮雕	1. 基层类型 2. 浮雕材料种类 3. 浮雕样式		按设计图示尺寸以面积计算	1. 基层清理 2. 材料制作、运输 3. 安装成型

（2）清单工程量计算规则解释

装饰板墙面按净面积计算，为简化计算过程，小于 0.3m² 的单个孔洞面积不扣除。装饰板墙面项目特征中不包含防护材料，木龙骨、木基层防火需要单独列油漆分部的清单。

（八）柱（梁）饰面（编码：011208）

（1）清单项目设置

清单项目中，柱（梁）饰面项目只包含柱（梁）面装饰（011208001）和成品装饰柱（011208002）2个分项，但在装饰工程中应用非常广泛，其项目设置要求见表3.42。

表 3.42　柱（梁）饰面（编码：011208）

项目编码	项目名称	项目特征	计量单位	工程量计算规则	工程内容
011208001	柱（梁）面装饰	1. 龙骨材料的种类、规格、中距 2. 隔离层材料的种类 3. 基层材料的种类，规格 4. 面层材料的品种规格、品牌、颜色 5. 压条材料种类、规格	m²	按设计图示饰面外围尺寸以面积计算。柱帽、柱墩并入相应饰面工程量内	1. 基层清理 2. 龙骨制作、运输、安装 3. 钉隔离层 4. 基层铺钉 5. 面层铺贴
011208002	成品装饰柱	1. 柱截面 2. 柱材质	1. 根 2. m	1. 按设计数量以根计算 2. 按设计长度以米计算	柱运输、固定、安装

（2）清单工程量计算规则解释

柱饰面按实际铺设饰面面积计算，柱（梁）饰面按设计图示尺寸（成活尺寸）计算，柱与梁交接处面积要扣除。

（九）幕墙工程（编码：011209）

清单项目中，幕墙工程项目包含带骨架幕墙（011209001）、全玻幕墙（011209002）2 个分项，多用于高层写字楼外立面，其项目设置要求见表 3.43。

表 3.43　幕墙工程（编码：011209）

项目编码	项目名称	项目特征	计量单位	工程量计算规则	工程内容
011209001	带骨架幕墙	1. 骨架材料种类、规格、中距 2. 面层材料品种、规格、颜色 3. 面层固定方式 4. 隔离带、框边封闭材料品种、规格 5. 嵌缝、塞口材料种类	m²	按设计图示框外围尺寸以面积计算。与幕墙同材质的窗所占的面积不扣除	1. 骨架的制作、运输、安装 2. 面层安装 3. 隔离带、框边封闭 4. 嵌缝、塞口 5. 清洗
011209002	全玻（无框玻璃）幕墙	1. 玻璃品种、规格、颜色 2. 黏结塞口材料种类 3. 固定方式		按设计图示尺寸以面积计算。带肋全玻幕墙按展开面积计算	1. 幕墙安装 2. 嵌缝、塞口 3. 清洗

（十）隔断（编码：011210）

（1）清单项目设置

清单项目中，隔断项目包含木隔断（011210001）、金属隔断（011210002）、玻璃隔断（011210003）、塑料隔断（011210004）、成品隔断（011210005）、其他隔断（011210006）共 6 个分项。隔断在大型写字楼内装饰、酒店装饰中应用非常广泛，其项目设置要求见表 3.44。

表 3.44　隔断（编码：011210）

项目编码	项目名称	项目特征	计量单位	工程量计算规则	工程内容
011210001	木隔断	1. 骨架、边框材料种类、规格 2. 隔板材料种类、规格、颜色 3. 嵌缝、塞口材料品种 4. 压条材料种类	m²	按设计图示框外围尺寸以面积计算。不扣除单个 0.3m² 的孔洞所占面积；浴厕门的材质与隔断相同时，门的面积并入隔断面积内	1. 骨架及边框制作、运输、安装 2. 隔板制作、运输、安装 3. 嵌缝、塞口 4. 装钉压条
011210002	金属隔断	1. 骨架、边框材料种类、规格 2. 隔板材料品种、规格、颜色 3. 嵌缝、塞口材料品种			1. 骨架及边框的制作、运输、安装 2. 隔板的制作、运输、安装 3. 嵌缝、塞口
011210003	玻璃隔断	1. 边框材料种类、规格 2. 玻璃品种、规格、颜色 3. 嵌缝、塞口材料品种		按设计图示框外围尺寸以面积计算。扣除单个 0.3m² 以上孔洞所占面积	1. 边框制作、运输、安装 2. 玻璃制作、运输、安装 3. 嵌缝、塞口
011210004	塑料隔断	1. 边框材料种类、规格 2. 隔板材料种类、规格、颜色 3. 嵌缝、塞口材料品种			1. 骨架及边框的制作、运输、安装 2. 隔板制作、运输、安装 3. 嵌缝、塞口
011210005	成品隔断	1. 隔断材料品种、规格、颜色 2. 配件品种、规格	1. m² 2. 间	1. 以平方米计量，按设计图示框外围尺寸以面积计算 2. 以间计量，按设计间的数量计算	1. 隔断运输、安装 2. 嵌缝、塞口
011210006	其他隔断	1. 骨架、边框材料种类、规格 2. 隔板材料品种、规格、颜色 3. 嵌缝、塞口材料品种	m²	按设计图示框外围尺寸以面积计算。不扣除单个 ≤ 0.3m² 孔洞所占面积	1. 骨架及边框安装 2. 隔板安装 3. 嵌缝、塞口

（2）清单工程量计算规则解释

为简化计算，小于 0.3m² 的单个孔洞面积不扣除。当浴厕门的材质与隔断相同时，门的面积并入隔断面积内；材质不同时则另行计算。

三、墙柱面工程清单计价

依据《湖北省房屋建筑与装饰工程消耗量定额及全费用基价表》（2018）第十章墙柱面工程的规定，计价工程量计算要求如下。

（一）墙柱面工程计价工程量计算相关说明

1. 抹灰类墙面

1）抹灰项目中砂浆配合比与设计不同者，按设计要求调整；如设计厚度与定额取定厚度不同者，按相应增减厚度项目调整。

2）抹灰工程的"零星项目"适用于各种壁柜、碗柜、飘窗板、空调隔板、暖气罩、池槽、花台以及 $\leq 0.5m^2$ 的其他各种零星抹灰。

3）女儿墙外侧、阳台栏板外侧抹灰面积合并到外墙面的垂直投影面积以平方米计算；内侧一般抹灰按垂直投影面积乘以系数 1.1。注意，女儿墙内侧、阳台栏板内侧抹灰容易漏掉。

4）抹灰工程的装饰线条适用于门窗套、挑檐腰线、压顶、遮阳板外边、宣传栏边框等项目的抹灰，以及突出墙面且展开宽度 $\leq$ 300mm 的竖横线条抹灰。线条展开宽度 >300mm 且 $\leq$ 400mm 者，按相应项目乘以系数 1.33；展开宽度 >400mm 且 $\leq$ 500mm 者，按相应项目乘以系数 1.67。

5）抹灰类墙面，门窗洞口侧壁不增加，踢脚线高度不扣除。

2. 块料墙面

1）圆弧形、锯齿形、异形等不规则墙面抹灰、镶贴块料按相应项目乘以系数 1.15。

2）墙面贴块料、饰面高度在 300mm 以内者，按踢脚线项目执行。

3）块料墙面按实铺面积计算，门窗洞口侧壁要增加。

4）块料墙面定额项目内没有包含打底抹灰的工作内容，打底抹灰单独套 A10-23 的子目。

5）干挂石材骨架按钢骨架项目执行。预埋铁件按基价表中"第二章混凝土及钢筋混凝土工程"铁件制作安装项目执行。

6）墙柱面工程中刷素水泥浆及墙面界面剂工序单独设立子目，墙柱面工作内容中不再包括刷素水泥浆及刷墙面界面剂工序，若有此做法，可单独套用子目 A10-23/24。

3. 柱面装饰

1）抹灰类柱面装饰按结构周长乘以抹灰高度计算，镶贴块料和贴挂石材柱面按饰面周长乘以柱装饰高度计算。饰面尺寸包含装饰材料层厚度。梁与柱交接处要扣除。

2）除已列有挂贴石材柱帽、柱墩项目外，其他项目的柱帽、柱墩并入相应柱面积内，每个柱帽或柱墩另增人工：抹灰 0.25 工日，块料 0.38 工日，饰面 0.5 工日。

4．墙柱饰面

1）木龙骨基层是按双向计算的，如设计为单向时，材料、人工乘以系数 0.55。龙骨间距规格如与设计不同时，允许调整。

2）木基层防火、面层油漆，应按"油漆、涂料、裱糊工程"相应项目执行。

5．幕墙

1）幕墙饰面中的结构胶与耐候胶设计用量与定额取定用量不同时，消耗量按设计计算的用量加 15% 的施工损耗计算。

2）玻璃幕墙设计带有平推拉窗者，并入幕墙面积计算，窗的型材用量应予调整，窗的五金用量相应增加，五金施工损耗按 2% 计算。

3）本章定额所采用的骨架，如需要进行弯弧处理，其弯弧费另行计算。

4）框支承幕墙是按照后置预埋件考虑的，如预埋件同主体结构同时施工，则应扣除化学螺栓的材料费。

5）基层钢骨架金属构件只考虑防锈处理，如表面采用高级装饰，另套用相应章节定额子目。

（二）墙柱面工程计价工程量计算规则

1．抹灰类墙面

1）内墙面、墙裙抹灰面积应扣除涉及门窗洞口和单个面积 >0.3m² 以上的空圈所占的面积，不扣除踢脚线、挂镜线及单个面积 ≤ 0.3m² 的孔洞和墙与构件交接处的面积，且门窗洞口、空圈、孔洞的侧壁面积亦不增加，附墙柱的侧面抹灰应并入墙面、墙裙抹灰工程量内计算。

2）内墙面、墙裙的长度以主墙间的图示净长计算，墙面高度按室内地面至天棚底面净高计算，墙面抹灰面积应扣除墙裙抹灰面积，如墙面和墙裙抹灰种类相同者，工程量合并计算。钉板天棚的内墙面抹灰，其高度按室内地面或楼地面至天棚底面另加 100mm 计算。

3）外墙抹灰面积，按垂直投影面积计算，应扣除门窗洞口、外墙裙（墙面和墙裙抹灰种类相同者应合并计算）和单个面积 >0.3m² 的孔洞所占面积，不扣除单个面积 ≤ 0.3m² 的孔洞所占面积，门窗洞口及孔洞侧壁面积亦不增加。附墙柱、梁垛、烟囱侧面抹灰面积应并入外墙面抹灰工程量内。

4）外墙抹灰面积按长度乘以高度以面积计算，长度为外墙外边线长度，高度要从室外设计地坪或勒脚上方开始计算，有女儿墙的算到女儿墙压顶上方，没有女儿墙的算至屋面板底。

5）装饰线条抹灰按设计图示尺寸以长度计算。

6）装饰抹灰分格嵌缝按抹灰面面积计算。

7）"零星项目"按设计图示尺寸以展开面积计算。

2．块料面层墙面

1）挂贴石材零星项目中柱墩、柱帽是按圆弧形成品考虑的，按其圆的最大外径以周长计算；其他类型的柱帽、柱墩工程量按设计图示尺寸以展开面积计算。

2）镶贴块料面层，按镶贴表面积计算。

3）柱镶贴块料面层按设计图示饰面外围尺寸乘以高度以面积计算。

3．墙饰面

1）龙骨、基层、面层墙饰面项目按设计图示饰面尺寸以面积计算，扣除门窗洞口及单个面积 >0.3m² 以上的空圈所占的面积，不扣除单个面积 ≤ 0.3m² 的孔洞所占面积。

2）柱（梁）饰面的龙骨、基层、面层按设计图示饰面尺寸以面积计算，柱帽、柱墩并入相应柱面积计算。

4．柱面装饰

1）柱面抹灰按结构断面周长乘以抹灰高度计算。

2）柱镶贴块料面层按设计图示饰面外围尺寸乘以高度以面积计算，柱与梁交接处面积要扣除。

3）挂贴石材零星项目中柱墩、柱帽是按圆弧形成品考虑的按其圆的最大外径以周长计算，其他类型的柱帽、柱墩工程量按设计图示尺寸以展开面积计算。

4）柱（梁）饰面的龙骨、基层、面层按设计图示饰面尺寸以面积计算，柱帽、柱墩并入相应柱面积计算。

5．隔断

隔断按设计图示框外围尺寸以面积计算，扣除门窗洞及单个面积 >0.3m² 的孔洞所占面积。

6．幕墙

1）点支承玻璃幕墙，按设计图示尺寸以四周框外围展开面积计算。肋玻结构点式幕墙玻璃肋工程量不另计算，作为材料项进行含量调整。点支承玻璃幕墙索结构辅助钢桁架制作安装，按质量计算。

2）全玻璃幕墙，按设计图示尺寸以面积计算。带肋全玻璃幕墙按设计图示尺寸以展开面积计算，玻璃肋按玻璃边缘尺寸以展开面积计算并入幕墙工程量内。

3）单元式幕墙的工程量按图示尺寸的外围面积以面积计算，不扣除幕墙区域设置的窗、洞口面积。防火隔断安装的工程量按设计图示尺寸垂直投影面积以面积计算。槽型预埋件及 T 型转接件螺栓安装的工程量按设计图示数量以"个"计算。

4）框支承玻璃幕墙，按设计图示尺寸以框外围展开面积计算。与幕墙同种材质的窗所占面积不扣除。

5）金属板幕墙按设计图示尺寸以外围面积计算。凹出或凸出的板材折边不另计算，计入金属板材料单价中。

6）幕墙防火隔断，按设计图示尺寸以展开面积计算。

7）幕墙防雷系统、金属成品装饰压条均按延长米计算。隔断按设计图示框外围尺寸以面积计算，扣除门窗洞及单个面积 $>0.3m^2$ 的孔洞所占面积。

8）雨篷按设计图示尺寸以外围展开面积计算。有组织排水的排水沟槽按水平投影面积计算并入雨篷工程量内。

（三）案例

【例3.11】某建筑平面图如图3.30所示，墙厚240mm，室内净高3.9m，门洞口尺寸为1500mm×2700mm，内墙砖墙面采用20mm厚DP M10干混抹灰砂浆抹灰。试计算南立面内墙抹灰的清单工程量，并根据《湖北省房屋建筑与装饰工程消耗量定额及全费用基价表》（2018）计算相应的计价工程量。

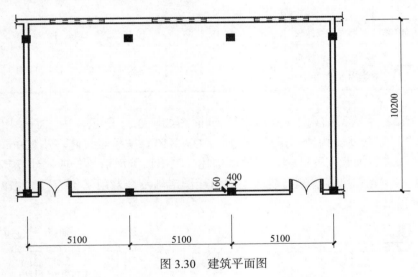

图3.30 建筑平面图

分 析

墙面一般抹灰清单工程量，按内墙净长乘以净高计算，扣除门洞口面积，门洞口侧壁不增加，凸出墙面的柱子两侧要并入墙面工程量内。本例室内没有吊顶天棚，清单工程量与计价工程量计算规则一致，计价工程量同清单工程量。

解：根据工程量计算规则，工程量计算见表 3.45，综合单价分析见表 3.46。

表 3.45 工程量计算表

序号	项目编码	项目名称	计量单位	数量	工程量计算式
1	011201001001	墙面一般抹灰	m²	53.13	内墙面净长：5.1×3−0.24+0.16×4=15.7（m） 内墙面面积：15.7×3.9=61.23（m²） 扣除门洞口面积：1.5×2.7×2=8.1（m²） 抹灰工程量 =61.23−8.1=53.13（m²）
	A10−1	墙面一般抹灰	m²	53.13	同清单量

表 3.46 综合单价分析表

工程名称：例 3.11 第 1 页 共 1 页

序号	项目编码	项目名称	单位	数量	综合单价 / 元					
					人工费	材料费	机械使用费	管理费	利润	小计
1	011201001001	墙面一般抹灰	m²	53.13	11.59	10.28	0.72	1.75	1.8	26.14
	A10−1	墙面一般抹灰内墙（14+6mm）	100m²	0.5313	1159.11	1028.11	72.31	174.74	180.28	2614.85

【例 3.12】某框架结构工程平面图、剖面图如图 3.31 所示，内墙面采用 20mm 厚 DP M10 抹灰砂浆抹灰。内墙裙采用 15mm 厚 DP M10 抹灰砂浆打底，贴 200mm×300mm 陶瓷面砖，并进行加浆勾缝处理。试根据描述，列出该墙面清单分项，计算其清单工程量，并根据《湖北省房屋建筑与装饰工程消耗量定额及全费用基价表》（2018）计算相应的计价工程量。

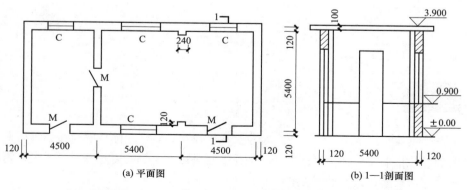

(a) 平面图　　　　　(b) 1—1 剖面图

M：1000mm×2700mm（共 3 个），C：1500mm×1800mm（共 4 个）。

图 3.31 建筑平面、剖面图

本例中墙裙、墙面做法不同，分别列块料墙面、墙面一般抹灰两个清单项，且块料墙面贴砖之前的打底抹灰列立面砂浆找平层分项。块料墙面清单工程量计算规则按实际铺设面积计算，门窗洞口侧壁要增加；墙面一般抹灰门窗洞口侧壁不增加。清单工程量与计价工程量计算规则一致，计价工程量同清单工程量。

解： 根据工程量计算规则，清单工程量与计价工程量计算式分别见表 3.47、表 3.48，综合单价分析见表 3.49。

表 3.47　清单工程量计算表

序号	项目编码	项目名称	计量单位	数量	工程量计算式
1	011201001001	墙面一般抹灰	m²	123.98	墙面抹灰的高度：3.9-0.1-0.9=2.9（m） 内墙面净长：（4.5-0.24+5.4-0.24）×2+（9.9-0.24+5.4-0.24）×2+0.12×4=48.96（m） 扣门窗洞口面积：1×（2.70-0.90）×4+1.50×1.80×4=18（m²） 抹灰面积=48.96×2.9-18=123.98（m²）
2	011201004001	立面砂浆找平层	m²	40.46	内墙裙抹灰的高度：0.9m 内墙裙净长：48.96m 扣门窗洞口面积：1×0.90×4=3.6（m²） 抹灰面积=48.96×0.9-3.6=40.46（m²）
3	011204003001	块料墙面	m²	41.76	找平面积：40.46m² 增加门洞口侧壁：0.9×0.24×6=1.3（m²） 块料墙面面积：40.46+1.3=41.76（m²）

表 3.48　计价工程量计算表

序号	项目编码	项目名称	计量单位	数量	工程量计算式
1	011201001001	墙面一般抹灰	m²	123.98	
	A10-1	内墙面抹灰	m²	123.98	同清单量
2	011201004001	立面砂浆找平层	m²	40.46	
	A10-23	打底找平	m²	40.46	同清单量
3	011204003001	块料墙面	m²	41.76	
	A10-72	面砖	m²	41.76	同清单量
	A10-82	面砖加浆勾缝	m²	41.76	同清单量

表 3.49　综合单价分析表

工程名称：例 3.12 　　　　　　　　　　　　　　　　　　　　　　　　　第 1 页　共 1 页

序号	项目编码	项目名称	单位	数量	综合单价/元					
					人工费	材料费	机械使用费	管理费	利润	小计
1	011201001001	墙面一般抹灰	m²	123.98	11.59	10.28	0.72	1.75	1.8	26.14
	A10-1	墙面一般抹灰 内墙（14mm+6mm）	100m²	1.2398	1159.11	1028.41	72.31	174.74	180.28	2614.85
2	011201004001	立面砂浆找平层	m²	40.46	10.7	7.45	0.52	1.59	1.64	21.9
	A10-23	墙面装饰抹灰 打底找平 15mm 厚	100m²	0.4046	1070.13	745.07	51.89	159.21	164.26	2190.56
3	011204003001	块料墙面	m²	41.76	45.3	40.64	0.23	6.46	6.67	99.3
	A10-72	墙面块料面层 面砖预拌砂浆（干混）每块面积≤0.06m²	100m²	0.4176	3769.51	4027.67	20.79	537.84	554.9	8910.71
	A10-82	墙面块料面层 面砖加浆勾缝 每块面积≤0.06m²	100m²	0.4176	760.29	36.01	2.44	108.23	111.66	1018.63

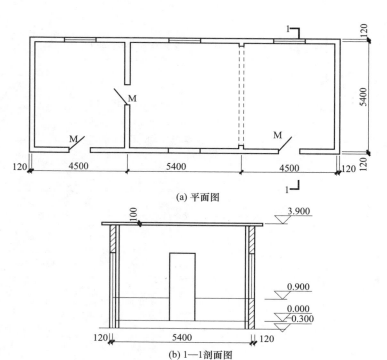

(a) 平面图

(b) 1—1 剖面图

图 3.32　建筑平面、剖面图

【例 3.13】某框架结构工程平面图、剖面图如图 3.32 所示，外墙砌块墙面清扫，采用 DP M10 干混抹灰砂浆水刷石抹灰，墙面设置间距为 1000 的分格缝，缝宽 5mm，M: 1000mm×2700mm，C: 1500mm×1800mm。按描述计算墙面装饰抹灰清单工程量，并根据《湖北省房屋建筑与装饰工程消耗量定额及全费用基价表》（2018）计算相应的计价工程量。

分 析

外墙面抹灰高度从室外设计地面标高开始算起，长度按室外外边线长度之和计算，门窗洞口面积要扣除，门窗洞口侧壁不增加。清单工程量与计价工程量计算规则一致，计价工程量同清单工程量。

解：根据工程量计算规则，清单工程量与计价工程量计算分别见表 3.50、表 3.51，综合单价分析见表 3.52。

表 3.50 清单工程量计算表

序号	项目编码	项目名称	计量单位	数量	工程量计算式
1	011201002001	墙面装饰抹灰	m²	150.1	外墙面抹灰高度：0.3+3.9−0.1=4.1（m） 外墙面长度：(4.5+5.4+4.5+0.24+5.4+0.24)×2=40.56（m） 外墙面面积：40.56×4.1=166.30（m²） 扣除门窗洞面积：1.00×2.70×2+1.50×1.80×4=16.2（m²） 墙面抹灰工程量：166.30−16.2=150.1（m²）

表 3.51 计价工程量计算表

序号	项目编码	项目名称	计量单位	数量	工程量计算式
1	011201002001	墙面装饰抹灰	m²	150.1	
	A10−28	墙面清扫	m²	150.1	同清单量
	A10−12	水刷石墙面	m²	150.1	同清单量

表 3.52 综合单价分析表

工程名称：例 3.13　　　　　　　　　　　　　　　　　　　　第 1 页　共 1 页

序号	项目编码	项目名称	单位	数量	综合单价 / 元					
					人工费	材料费	机械使用费	管理费	利润	小计
1	011201002001	墙面装饰抹灰	m²	150.1	23.94	9.87	0.67	3.49	3.6	41.57
	A10−28	墙面装饰抹灰表面清扫 砌块（轻质）墙	100m²	1.501	118.59			16.83	17.36	152.78
	A10−12	墙面装饰抹灰水刷石	100m²	1.501	2274.93	986.69	67	332.32	342.86	4003.8

【例 3.14】 某砖混结构工程平面图、剖面图如图 3.33 所示，外墙面抹 20mm 厚 DP M10 干混抹灰砂浆；外墙裙采用 10mm 厚 DP M10 干混抹灰砂浆，1：1.25 水泥豆石子浆 10mm 厚水刷石面层，挑檐翻边 DP M10 干混抹灰砂浆 20mm 厚；M：1000mm×2500mm，C：1200mm×1500mm。根据描述计算外墙面、外墙裙及挑檐翻边抹灰清单工程量，并根据《湖北省房屋建筑与装饰工程消耗量定额及全费用基价表》（2018）计算相应的计价工程量。

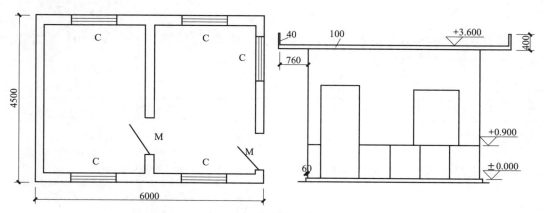

图 3.33　建筑平面、剖面图

外墙面与外墙裙做法同，需分别列项。

挑檐翻边抹灰按零星项目列项：零星项目一般抹灰清单工程量按设计图示尺寸展开面积计算，计价工程量按延长米计算，高度>300mm 且≤400mm 者，按相应项目乘以系数1.33。挑檐板底按天棚项目执行。

解： 根据工程量计算规则，清单工程量与计价工程量计算分别见表 3.53 和表 3.54，综合单价分析见表 3.55。

表 3.53　清单工程量计算表

序号	项目编码	项目名称	计量单位	数量	工程量计算式
1	011201001001	墙面一般抹灰	m²	44.00	墙面抹灰的高度：3.6-0.1-0.9=2.6（m） 外墙面周长：（4.5+6）×2=21（m） 扣门窗洞口面积：1.00×（2.50-0.9）+1.20×1.50×5=10.6（m²） 抹灰面积：21×2.6-10.6=44（m²）

序号	项目编码	项目名称	计量单位	数量	工程量计算式
2	011201002001	墙面装饰抹灰	m²	18.00	外墙裙抹灰的高度：0.9m 外墙面周长：（4.5+6）×2=21（m） 扣除门窗洞口面积：1×0.90＝0.9（m²） 抹灰面积：21×0.9-0.9=18（m²）
3	011203001001	零星项目一般抹灰	m²	10.96	挑檐外边线长度：（6+0.8×2+4.5+0.8×2）×2=27.4（m） 挑檐翻边高度：0.4m 挑檐翻边抹灰面积：27.4×0.4=10.96（m²）

表 3.54 计价工程量计算表

序号	项目编码	项目名称	计量单位	数量	工程量计算式
1	011201001001	墙面一般抹灰	m²	44.00	
	A10-2	外墙一般抹灰	m²	44.00	同清单量
2	011201002001	墙面装饰抹灰	m²	18.00	
	A10-12	水刷石墙面	m²	18.00	同清单量
3	011203001001	零星项目一般抹灰	m²	10.96	
	A10-8×1.33	装饰线条抹灰	m	27.4	挑檐外边线长度： （6+0.8×2+4.5+0.8×2）×2=27.4（m）

表 3.55 综合单价分析表

工程名称：例 3.14

第 1 页 共 1 页

序号	项目编码	项目名称	单位	数量	综合单价/元					
					人工费	材料费	机械使用费	管理费	利润	小计
1	011201001001	墙面一般抹灰	m²	44	18.87	10.28	0.72	2.78	2.87	35.52
	A10-2	墙面一般抹灰 外墙（14mm+6mm）	100m²	0.44	1886.78	1028.41	72.31	277.99	286.81	3552.3
2	011201002001	墙面装饰抹灰	m²	18	22.75	9.87	0.67	3.32	3.43	40.04
	A10-12	墙面装饰抹灰水刷石	100m²	0.18	2274.93	986.69	67	332.32	342.86	4003.8
3	011203001001	零星项目一般抹灰	m²	10.96	47.98	6.69	0.47	6.88	7.09	69.11
	A10-8×1.33	墙面一般抹灰 装饰线条抹灰 300mm<线条展开宽度≤400mm者 单价×1.33	100m²	0.274	1919.02	267.65	18.94	275	283.72	2764.3

【例 3.15】某建筑平面图、剖面图如图 3.34 所示，根据图示计算内墙抹灰清单工程量，并根据《湖北省房屋建筑与装饰工程消耗量定额及全费用基价表》（2018）计算相应的计价工程量。

做法：内墙面 DP M10 干混抹灰砂浆（14mm+6mm）抹面。

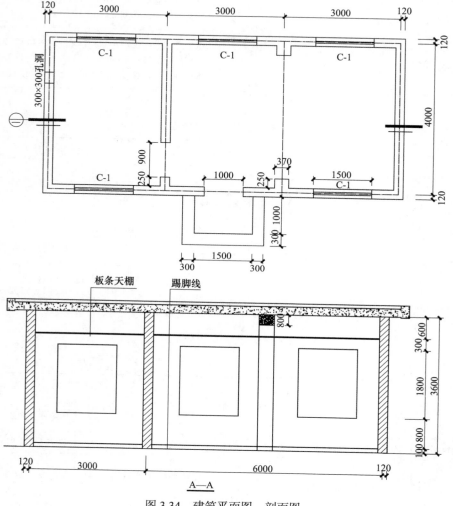

图 3.34　建筑平面图、剖面图

本例天棚设有吊顶，内墙抹灰清单工程量按室内净长线乘以室内净高（算至条板天棚底面标高）以面积计算，计价工程量抹灰高度要算至条板天棚底面标高另加100mm。

解：根据工程量计算规则，工程量计算见表 3.56，综合单价分析见表 3.57。

表 3.56　工程量计算表

序号	项目编码	项目名称	计量单位	数量	工程量计算式
1	011201001001	墙面一般抹灰	m²	79.56	墙面抹灰的高度：3.6−0.6=3（m） 大房间： （6−0.24+0.25×2+4−0.24）×2×3=20.04×3=60.12（m²） 扣除门窗洞口面积：1.5×1.8×3+1×2.4+0.9×2.1=12.39（m²） 小房间：（3−0.24+4−0.24）×2×3=13.04×3=39.12（m²） 扣除门窗洞口面积：1.5×1.8×2+0.9×2.1=7.29（m²） 抹灰面积：60.12−12.39+39.12−7.29=79.56（m²）
	A10-1	内墙一般抹灰	m²	82.86	墙面抹灰的高度：3.6−0.6+0.1=3.1（m） 大房间：20.04×3.1=62.12（m²） 扣除门窗洞口面积：12.39m² 小房间：13.04×3.1=40.42（m²） 扣除门窗洞口面积：7.29m² 抹灰面积：62.12−12.39+40.42−7.29=82.86（m²）

表 3.57　综合单价分析表

工程名称：例 3.15　　　　　　　　　　　　　　　　　　　　　　　　第 1 页　共 1 页

序号	项目编码	项目名称	单位	数量	综合单价/元					
					人工费	材料费	机械使用费	管理费	利润	小计
1	011201001001	墙面一般抹灰	m²	79.56	12.07	10.71	0.75	1.82	1.88	27.23
	A10-1	墙面一般抹灰内墙（14mm+6mm）	100m²	0.8286	1159.11	1028.41	72.31	174.74	180.28	2614.9

【例 3.16】 某工程中有混凝土独立柱 16 根，构造如图 3.35 所示，设计要求柱面抹 DP M10 干混抹灰砂浆，试计算柱面抹灰的清单工程量，并根据《湖北省房屋建筑与装饰工程消耗量定额及全费用基价表》（2018）计算相应的计价工程量。

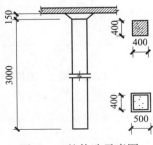

图 3.35　柱构造示意图

分 析

清单工程量：柱面抹灰=结构断面周长×柱高×根数，柱帽抹灰工程量按展开面积计算，合并到柱身。

计价工程量：要注意说明部分的相关规定，抹灰类，每个柱帽或柱墩另增0.25工日。

解：根据工程量计算规则，工程量计算见表3.58，综合单价分析见表3.59。

表 3.58　工程量计算表

序号	项目编码	项目名称	项目特征	计量单位	数量	工程量计算式
1	011202001001	柱（梁）面一般抹灰	1. 柱体类型：混凝土方柱 2. DP M10 干混抹灰砂浆抹灰	m²	81.35	柱身：0.4×4×3.0×16=76.8（m²） 柱帽：1/2×（0.4+0.5）× $\sqrt{0.05^2+0.15^2}$ ×4×16=4.55（m²） 柱面抹灰面积：76.8+4.55=81.35（m²）
	A10-30 换人工	矩形柱面抹灰面抹灰（人工增加0.25×16工日）	m²	81.35	同清单量

表 3.59　综合单价分析表

工程名称：例3.16　　　　　　　　　　　　　　　　　　　　　　　　　　　第1页　共1页

序号	项目编码	项目名称	单位	数量	综合单价 / 元					
					人工费	材料费	机械使用费	管理费	利润	小计
1	011202001001	柱（梁）面一般抹灰	m²	81.35	21.84	10.01	0.65	3.19	3.29	38.95
	A10-30 换	一般抹灰 独立柱（梁）矩形柱（梁）面	100m²	0.8135	2184.47	1001.1	65	319.2	329.32	3899.1

【例3.17】某建筑物钢筋混凝土柱12根，如图3.36所示（柱帽上口饰面边长740mm），柱面挂贴花岗岩面层，试根据图示计算柱面抹灰的清单工程量，并根据《湖北省房屋建筑与装饰工程消耗量定额及全费用基价表》（2018）计算相应的计价工程量。

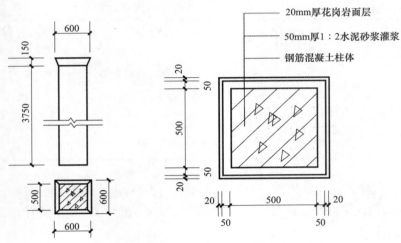

图 3.36　柱构造示意图

分　析

清单工程量：柱面挂石材工程量=饰面周长×柱高×根数，柱帽饰面工程量按展开面积计算，合并到柱身。

计价工程量：要注意说明部分的相关规定，块料类、每个柱帽或柱墩另增人工0.38工日。

解：根据工程量计算规则，工程量计算见表 3.60，综合单价分析见表 3.61。

表 3.60　工程量计算表

序号	项目编码	项目名称	项目特征	计量单位	数量	工程量计算式
1	011205001001	石材柱面	1. 柱体类型：混凝土方柱 2. 面层贴挂花岗岩	m²	120.48	柱身工程量：0.64×4×3.75×12=115.2（m²） 柱帽工程量：（0.64+0.74）×0.158×4×12=5.28（m²） 石材柱面工程量：115.2+5.28=120.48（m²）
	A10-92 换人工	柱面挂贴石材（人工增加0.38×12工日）	m²	120.48	同清单量

表 3.61　综合单价分析表

工程名称：例 3.17　　　　　　　　　　　　　　　　　　　　　　　　　　　第 1 页　共 1 页

序号	项目编码	项目名称	单位	数量	综合单价 / 元					
					人工费	材料费	机械使用费	管理费	利润	小计
1	011205001001	石材柱面	m²	120.48	68.22	182.22	1.63	9.91	10.23	272.21
	A10−92 换	柱面 挂贴石材	100m²	1.2048	6821.7	18222.3	163.08	991.14	1022.6	27220.79

思考题：某建筑物钢筋混凝土柱的构造如图 3.36 所示，柱面挂贴石材，钢骨架为 L40×40×4 的角钢，竖向每边布置 2 根，横向每边布置 9 根，试计算钢骨架清单工程量。

解：

L40×40×4 钢骨架的理论重量 2.422kg/m。

竖向单根长 =3.75 ＋ 0.158=3.91（m），四边每边设 2 根。

横向单根长 =0.5m，横向共设 9 排。

总长 =3.91×8+0.5×4×9=49.28（m）。

钢骨架的重量 49.28×2.422×12=1432.27（kg）。

【例 3.18】某变电室，外墙面尺寸如图 3.37 所示；M：1500mm×2000mm，C1：1500mm×1500mm；C2：1200mm×800mm；门窗侧面宽度 100mm，外墙采用 15mm 厚 M10 干混抹灰砂浆打底，再用 M10 干混抹灰砂浆粘贴规格 240mm×60mm 瓷质外墙砖，灰缝 5mm，加浆勾缝。试计算清单工程量，并根据《湖北省房屋建筑与装饰工程消耗量定额及全费用基价表》（2018）计算相应的计价工程量。

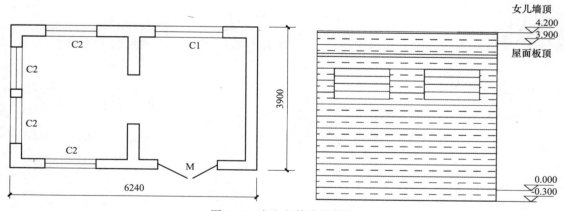

图 3.37　变电室外墙示意图

分 析

本例列块料墙面清单项、立面砂浆找平层清单项。

计算清单工程量时要注意，高度从设计室外地面标高算至女儿墙顶，块料墙面门窗洞口侧壁要增加，抹灰墙面门窗洞口侧壁不增加。清单工程量与计价工程量计算规则一致，计价工程量同清单工程量。

解：根据工程量计算规则，工程量计算见表 3.62，综合单价分析见表 3.63。

表 3.62　工程量计算表

序号	项目编码	项目名称	计量单位	数量	工程量计算式
1	011201004001	立面砂浆找平层	m²	82.17	外墙垂直投影面积： （6.24+3.90）×2×4.50=91.26（m²） 扣：门窗洞口面积 =1.50×2.00+1.50×1.50+1.20×0.80×4=9.09（m²） 清单工程量：91.26-9.09=82.17（m²）
	A10-23	打底找平	m²	82.17	同清单量
2	011204003001	块料墙面	m²	84.92	外墙抹灰面积：82.17（m²） 增加：门窗洞口侧壁 = [1.50+2.00×2+1.50×4+（1.20+0.80）×2×4]×0.10=2.75m² 外墙面砖工程量：82.17+2.75=84.92（m²）
	A10-68	铺贴面砖	m²	84.92	同清单量
	A10-82	面砖加浆勾缝	m²	84.92	同清单量

表 3.63　综合单价分析表

工程名称：例 3.18　　　　　　　　　　　　　　　　　　　　　　　　　　　　第 1 页　共 1 页

序号	项目编码	项目名称	单位	数量	综合单价/元					
					人工费	材料费	机械使用费	管理费	利润	小计
1	011201004001	立面砂浆找平层	m²	82.17	10.7	7.45	0.52	1.59	1.64	21.9
	A10-23	墙面装饰抹灰 打底找平 15mm 厚	100m²	0.8217	1070.1	745.07	51.89	159.21	164.26	2190.56
2	011204003001	块料墙面	m²	84.92	45.69	27.93	0.25	6.52	6.73	87.17
	A10-68	墙面块料面层 面砖每块面积 0.02m² 以内预拌砂浆（干混）面砖灰缝 5mm	100m²	0.8492	3809.2	2761.6	22.48	543.71	560.96	7697.93
	A10-82	墙面块料面层 面砖加浆勾缝 每块面积 ≤ 0.06m²	100m²	0.8492	760.29	36.01	2.44	108.23	111.66	1018.63

【例 3.19】某卫生间平面、立面图如图 3.38 所示，隔断及门采用某品牌 80 系列塑钢门窗材料制作，试计算卫生间塑钢隔断清单工程量。

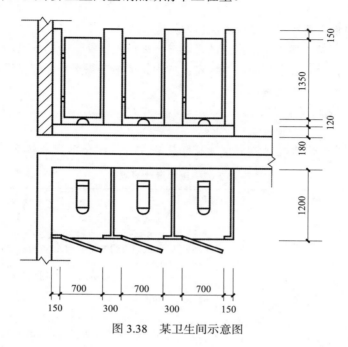

图 3.38　某卫生间示意图

解：

分析：浴厕门的材质与隔断相同时，门的面积并入隔断面积内。

卫生间塑钢隔断的工程量 ＝（1.35+0.15+0.12）×（0.3×2+0.15×2+1.2×3）=1.62×4.5= 7.29（m²）

门扇面积 ＝1.35×0.7×3=2.84（m²）

总工程量 ＝7.29+2.84=10.13（m²）

▌本节学习提示

　　按照施工工艺和材料划分，墙柱面主要分为内外墙抹灰、墙柱面镶贴、挂贴、干挂、油漆、喷漆、喷塑、裱糊等内容。由于在本节中我们具体学习的是墙面的装饰计算规则及列项，因此在列项中，图纸上的墙面的油漆、涂料、裱糊没有考虑，但在预算的计算规则学习完成后，通常我们根据统筹的方法，可以在相应图纸中直接把隶属于各分部面层的油漆、涂饰、裱糊等项目直接列出。若有些子目的计算规则与墙柱面相同时，可以参照墙柱面的工程量计算规则，这样可以在后续内容的学习中避免重复计算工程量，以提高学习效率。

第四节 天 棚 工 程

▌学习目标

1. 熟悉天棚的分类及构造。
2. 掌握天棚装饰分部分项工程清单编制。
3. 掌握天棚工程清单工程量计算规则的相关规定。
4. 掌握天棚工程计价工程量计算规则的相关规定。
5. 掌握天棚工程清单分项工程综合单价的形成过程。

▌能力要求

1. 能够根据施工图对天棚分项工程进行描述。
2. 能够运用清单工程量计算规则对施工图编制招标清单。
3. 能够运用计价工程量计算规则对分项工程进行综合单价分析。

一、天棚工程概述

天棚是位于楼盖和屋盖下的装饰构造，又称顶棚。天棚的作用主要是满足使用功能，装饰室内空间，同时隐蔽设备管线构件。

（一）天棚分类及构造

天棚按构造形式划分为直接式天棚和悬吊式天棚。

1. 直接式天棚

直接式天棚是直接在混凝土楼板下方做装饰面层的天棚，具有构造简单、构造层厚度小、可以充分利用空间的优点；但这类天棚没有供隐藏管线等设备、设施的内部空间。这一类天棚通常用于普通建筑，及室内建筑高度空间受到限制的场所。

2. 悬吊式天棚

悬吊式天棚也称为吊顶天棚，是将各种板材、金属、玻璃等悬挂在结构层上的一种吊顶形式（图 3.39）。悬吊式天棚饰面层与楼板或屋面板之间有一定的空间距离，通过吊杆连接，其中可以布设各种管道和设备。饰面层可以设计成不同的艺术形式，以产生不同的层次和丰富空间效果，在室内精装修中广泛使用。悬吊式天棚一般由吊杆、骨架、面层三个部分组成。

悬吊式天棚按面层复杂程度分平面天棚、跌级天棚、艺术造型天棚。

1）平面天棚，是指天棚面层在一个平面上，即同一标高，也称为一级天棚。此类天棚龙骨工程量与面层工程量相同，均为投影面积。

2）跌级天棚，是指天棚面层不在同一标高，高差在200mm以上400mm以下，且满足规定条件者为跌级天棚。

3）艺术造型天棚，是指将天棚面层做成曲折型、多面体、拱形、球面等带有立体感的组合体形式的天棚，面层高差在400mm以上的，按照艺术造型天棚执行。

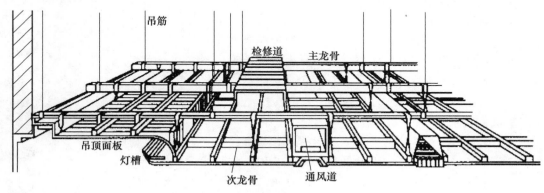

图3.39 悬吊式天棚示意图

（二）天棚工程项目设置

1. 清单项目设置

天棚工程清单包含4节10个分项，项目设置明细见表3.64。

表3.64 天棚工程清单设置明细

序号	清单名称	分项数量
01	天棚抹灰	1
02	天棚吊顶	6
03	采光天棚	1
04	天棚其他装饰	2

2. 项目特征描述

1）天棚中的检修孔、检修道等不需要单独列清单，其费用包含在综合单价内。

2）天棚中设置保温、隔热、吸音层时，按《房屋建筑与装饰工程工程量计算规范》（GB 50854—2013）附录A相应项目编码列项。

二、天棚工程清单编制

（一）天棚抹灰（编码：011301）

1．构造做法

天棚抹灰是直接在现浇混凝土板或预制空心板下方进行基层清理分层抹灰的简易装饰做法，其面层可以再进行涂刷油漆或铺贴墙纸面层。构造形式可分为喷刷类顶棚构造（图 3.40）和裱糊类顶棚构造（图 3.41）。

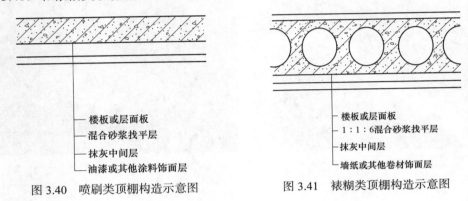

图 3.40　喷刷类顶棚构造示意图　　图 3.41　裱糊类顶棚构造示意图

2．清单编制

（1）清单项目设置

清单项目中，天棚抹灰项目只包含天棚抹灰（011301001）1 个分项，设置要求见表 3.65。

表 3.65　天棚抹灰（编码：011301）

项目编码	项目名称	项目特征	计量单位	工程量计算规则	工程内容
011301001	天棚抹灰	1.基层类型 2.抹灰厚度、材料种类 3.砂浆配合比	m²	按设计图示尺寸以水平投影面积计算。不扣除间壁墙、柱、垛、附墙烟囱、检查口和管道所占面积，带梁天棚的梁两侧抹灰面积并入天棚面积内，板式楼梯底面抹灰按斜面积计算，锯齿形楼梯底板抹灰按展开面积计算	1.基层清理 2.底层抹灰 3.抹面层

（2）清单工程量计算规则解释

1）室内天棚抹灰，间壁墙、垛、柱、附墙烟囱、检查口和管道所占面积较小，所需的人工、材料、机械消耗量也较小，因此计算时不扣除。有梁板梁底含在投影面积内，只需增加梁两侧面积。

2）楼梯底板、雨棚、阳台底抹灰按天棚抹灰列项，清单工程量计算可以理解按实际面积或展开面积计算。

3）注意区分板式楼梯（图 3.42）和梁式楼梯（图 3.43）；楼层平台板底容易漏算。

图 3.42　板式楼梯构造示意图

图 3.43　梁式楼梯构造示意图

（二）天棚吊顶（编码：011302）

1．构造做法

吊筋通过膨胀螺栓或预埋件固定在混凝土楼板下方，主龙骨通过螺栓或钢丝与吊筋垂直固定，次龙骨与主龙骨垂直相连，面板安装在次龙骨下方。吊筋、主龙骨、次龙骨三维垂直关系。天棚吊顶构造组成由吊筋、龙骨、基层、面层四个基本部分组成（图 3.44）。

（1）吊筋

吊挂主龙骨及灯具等，承受荷载，调整高度。主要有木吊筋、镀锌钢丝、$\phi6 \sim \phi8$ 钢筋。

（2）龙骨

龙骨分主龙骨、次龙骨，起连接吊筋和基层的作用。按材质分，常见的有木龙骨、轻钢龙骨、铝合金龙骨。

（3）基层

承受荷载，固定面层及灯具设备等。常见的有胶合板、木芯板、石膏板。

（4）面层

面层起美观装饰，吸声，反射光线等作用，常见的有石膏板、矿棉板、铝塑板、铝单板。

2．清单编制

（1）清单项目设置

清单项目中，天棚吊顶项目包含天棚吊顶（011302001）、格栅吊顶（011302002）、吊筒吊顶（011302003）、藤条造型悬挂吊顶（011302004）、织物软雕吊顶（011302005）、网架装饰吊顶（011302006）共 6 个分项，其项目设置要求见表 3.66。

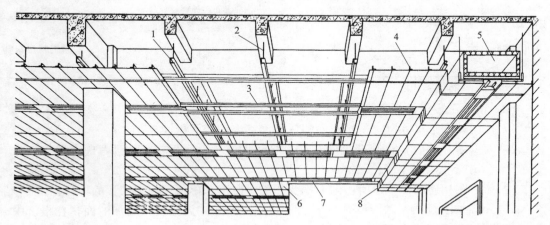

1—主龙骨；2—吊筋；3—次龙骨；4—间距龙骨；5—风道；6—吊顶面层；7—灯具；8—出风口。

图 3.44　天棚吊顶构造示意图

表 3.66　天棚吊顶（编码：011302）

项目编码	项目名称	项目特征	计量单位	工程量计算规则	工程内容
011302001	天棚吊顶	1. 吊顶形式、吊杆规格、高度 2. 龙骨材料种类、规格、中距 3. 基层材料种类、规格 4. 面层材料品种、规格 5. 压条材料种类、规格 6. 嵌缝材料种类 7. 防护材料种类	m²	按设计图示尺寸以水平投影面积计算。天棚中的灯槽及跌级、锯齿形、吊挂式、藻井式天棚面积不展开计算。不扣除间壁墙、检查口、附墙烟囱、柱、垛和管道所占面积，扣除单个 >0.3m² 的孔洞及独立柱及与天棚相连的窗帘盒所占的面积	1. 基层清理、吊杆安装 2. 龙骨安装 3. 基层板铺贴 4. 面层铺贴 5. 嵌缝 6. 刷防护材料
011302002	格栅吊顶	1. 龙骨材料种类、规格、中距 2. 基层材料种类、规格 3. 面层材料品种、规格 4. 防护材料种类		按设计图示尺寸以水平投影面积计算	1. 基层清理 2. 安装龙骨 3. 基层板铺贴 4. 面层铺贴 5. 刷防护材料
011302003	吊筒吊顶	1. 吊筒形状、规格 2. 吊筒材料种类 3. 防护材料种类			1. 基层清理 2. 吊筒制作安装 3. 刷防护材料

续表

项目编码	项目名称	项目特征	计量单位	工程量计算规则	工程内容
011302004	藤条造型吊顶	1. 骨架材料种类、规格 2. 面层材料品种、规格	m²	按设计图示尺寸以水平投影面积计算	1. 基层清理 2. 龙骨安装 3. 铺贴面层
011302005	织物软雕吊顶				
011302006	网架（装饰）吊顶	网架材料品种、规格			1. 基层清理 2. 网架制作安装

（2）清单工程量计算规则解释

1）按设计图示尺寸以水平投影面积计算，室内按净面积计算。

2）间壁墙、检查口、附墙烟囱、柱、垛和管道所占面积较小，已考虑在单价中，工程量计算中不必扣除。

3）与天棚相连的窗帘盒所占的面积要扣除，窗帘盒单独列门窗工程的项目。

4）天棚中的灯槽及跌级、锯齿形、吊挂式、藻井式天棚展开增加的面积在报价中考虑，清单工程量不另计算。

5）在计算吊顶工程量时风口所占面积不扣除，但风口的制作与安装另按数量单独列项。

6）检查口、开灯孔不单独列清单，含在综合单价内。

（三）采光天棚（编码：011303）

（1）清单项目设置

清单项目中，采光天棚项目只包含采光天棚（011303001）1个分项，项目设置要求见表3.67。

表 3.67　采光天棚（编码：011303）

项目编码	项目名称	项目特征	计量单位	工程量计算规则	工程内容
011303001	采光天棚	1. 骨架类型 2. 固定类型、固定材料品种、规格 3. 面层材料品种、规格 4. 嵌缝、塞口材料种类	m²	以框外围展开面积计算	1. 基层清理 2. 面层制作安装 3. 嵌缝、塞口 4. 清洗

（2）清单工程量计算规则解释

1）按框外围展开面积计算，不是投影面积。

2）风口的制作与安装另按数量单独列项。

（四）天棚其他装饰（编码：011304）

（1）清单项目设置

清单项目中，天棚其他装饰项目包含灯带（槽）（011304001），送风口、回风口（011304002）2个分项，项目设置要求见表3.68。

表3.68 天棚其他装饰（编码：011304）

项目编码	项目名称	项目特征	计量单位	工程量计算规则	工程内容
011304001	灯带（槽）	1. 灯带形式、尺寸 2. 格栅片材料品种、规格 3. 安装固定方式	m²	按设计图示尺寸以框外围面积计算	安装、固定
011304002	送风口、回风口	1. 风口材料品种、规格 2. 安装固定方式 3. 防护材料种类	个	按设计图示数量计算	1. 安装、固定 2. 刷防护材料

（2）清单工程量计算规则解释

灯带分项包括了灯带的安装和固定，但不包括灯具。

三、天棚工程清单计价

依据《湖北省房屋建筑与装饰工程消耗量定额及全费用基价表》（2018）第十二章天棚工程的规定，计价工程量计算要求如下。

（一）天棚工程计价工程量计算相关说明

1. 抹灰类天棚

1）抹灰项目中砂浆配合比与设计不同时，可按设计要求予以换算；如设计厚度与定额取定厚度不同时，按相应项目调整。

2）若混凝土天棚刷素水泥浆或界面剂，按"墙、柱面装饰与隔断工程"相应项目人工乘以系数1.15。

3）带密肋小梁和每个井内面积在5m²以内的井字梁天棚抹灰，按每100m²增加3.96工日计算。

4）楼梯底板抹灰要区分板式楼梯和锯齿形楼梯，其中锯齿形楼梯按相应项目人工乘以系数1.35。

2. 吊顶天棚

1）吊顶天棚中天棚龙骨、基层、面层分别列项编制。龙骨的种类、间距、规格和基层、面层材料的型号、规格是按常用材料和常用做法考虑的，如设计要求不同时，材料可以调整，人工、机械不变。

2）天棚面层在同一标高者为平面天棚，天棚面层不在同一标高，高差在 200mm 以上 400mm 以下，且满足以下条件者为跌级天棚。

木龙骨轻钢龙骨错台投影面积大于 18% 或弧形、折形投影面积大于 12%；铝合金龙骨错台投影面积大于 13% 或弧形、折形投影面积大于 10%。跌级天棚其面层按相应项目人工乘以系数 1.30。高差在 400mm 以上或跌级超过三级以及圆弧形、拱形等造型天棚按吊顶天棚中的艺术造型天棚相应项目执行。

3）轻钢龙骨铝合金龙骨项目中龙骨按双层双向结构考虑，即中、小龙骨紧贴大龙骨底面吊挂，如为单层结构时，即大中龙骨底面在同一水平上者，人工乘以系数 0.85。

4）吊筋安装，如在混凝土板上钻眼、挂筋者，按相应项目每 100m² 增加人工 3.4 工日；如在砖墙上打洞搁放骨架者，按相应天棚项目每 100m² 增加人工 1.4 工日；上人型天棚骨架吊筋为射钉者，每 100m² 应减去人工 0.25 工日，减少吊筋 3.8kg，钢板增加 27.6kg，射钉增加 585 个。

5）轻钢龙骨、铝合金龙骨项目中，若面层规格与定额不同时，按相近规格的项目执行。

6）轻钢龙骨和铝合金龙骨不上人型吊杆长度为 0.6m，上人型吊杆长度为 1.4m。吊杆长度与定额不同时可按实际调整，人工不变。

7）平面天棚和跌级天棚指一般直线型天棚，不包括灯光槽的制作安装。灯光槽制作安装应按本章相应项目执行。吊顶天棚中的艺术造型天棚项目中包括灯光槽的制作安装。

8）龙骨、基层、面层的防火处理及天棚龙骨的刷防腐油、石膏板刮嵌缝膏贴绷带按"油漆、涂料、裱糊工程"相应项目执行。

9）天棚抹灰装饰线，其工程量分别按三道线以内或五道线以内以延长米计算。天棚角线道数如图 3.45 所示。

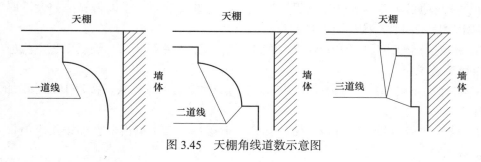

图 3.45　天棚角线道数示意图

10）格栅吊顶、吊筒吊顶、藤条造型悬挂吊顶、织物软雕吊顶、装饰网架吊顶，龙骨、面层合并列项，按投影面积计算，不展开。

3．采光天棚

采光棚项目未考虑支撑光棚、水槽的受力结构发生时另行计算。　光棚透光材料有两个排水坡度的二坡光棚，两个排水坡度以上的为多边形组合光棚。光棚的底边为平面弧形的，每米弧长增加 0.5 工日。

（二）天棚工程计价工程量计算规则

1. 抹灰类天棚

1）天棚抹灰按设计结构尺寸以展开面积计算。不扣除间壁墙、垛、柱、附墙烟囱、检查口和管道所占的面积，带梁天棚的梁两侧抹灰面积并入天棚面积内，板式楼梯底面抹灰面积（包括踏步、休息平台以及≤500mm 宽的楼梯井）按水平投影面积乘以系数 1.15 计算，锯齿形楼梯底板抹灰面积（包括踏步、休息平台以及≤500mm 宽的楼梯井）按水平投影面积乘以系数 1.37 计算。

2）阳台底面抹灰按水平投影面积计算，并入相应天棚抹灰面积内。阳台如带悬臂梁者，其工程量乘以系数 1.30。

3）雨篷、挑檐底面或顶面抹灰分别按水平投影面积计算，并入相应天棚抹灰面积内。雨篷顶面带反沿或反梁者，其工程量乘以系数 1.20；底面带悬臂梁者，其工程量乘以系数 1.20。

4）板式楼梯底面抹灰面积（包括踏步、休息平台以及≤500mm 宽的楼梯井）按水平投影面积乘以系数 1.15 计算，锯齿形楼梯底板抹灰面积（包括踏步、休息平台以及≤500mm 宽的楼梯井）按水平投影面积乘以系数 1.37 计算，楼层平台底板抹灰按展开面积计算后，合并到天棚抹灰面积内，此处容易漏算。

5）上述 2）3）4）条，按投影面积乘以系数计算工程量的分项工程，板底梁的两侧就不再展开计算了。

2. 天棚吊顶

1）天棚龙骨按主墙间水平投影面积计算，不扣除间壁墙、垛、柱、附墙烟囱、检查口和管道所占面积，扣除单个 >0.3m² 的孔洞、独立柱及与天棚相连的窗帘盒所占的面积。斜面龙骨按斜面计算。

2）天棚吊顶的基层和面层均按设计图示尺寸以展开面积计算。天棚面中的灯槽及跌级、阶梯式、锯齿形、吊挂式、藻井式天棚面积按展开面积计算，不扣除间壁墙、垛、柱、附墙烟囱、检查口和管道所占面积，扣除单个 >0.3m² 的孔洞、独立柱及与天棚相连的窗帘盒所占的面积（注意龙骨工程量不扣窗帘盒）。

3）格栅吊顶、藤条造型悬挂吊顶、织物软雕吊顶和网架（装饰）吊顶，按设计图示尺寸以水平投影面积计算。吊筒吊顶以最大外围水平投影尺寸以矩形面积计算。

3. 采光天棚

1）采光天棚工程量按成品组合后的外围投影面积计算，其余天棚工程量均按展开面积计算。

2）天棚的水槽按水平投影面积计算，并入天棚工程量。

3）采光廊架天棚安装按天棚展开面积计算。

4．天棚其他装饰

灯带（槽）按设计图示尺寸以框外围面积计算。

（三）案例

【**例 3.20**】某建筑平面图如图 3.46 所示，墙厚 240mm，天棚基层类型为 100mm 厚混凝土现浇板，KL1 截面 240mm×400mm，方柱尺寸 400mm×400mm。顶棚采用 DP M10 干混砂浆 12mm 抹灰，试计算天棚抹灰的清单工程量，并根据《湖北省房屋建筑与装饰工程消耗量定额及全费用基价表》（2018）计算相应的计价工程量。

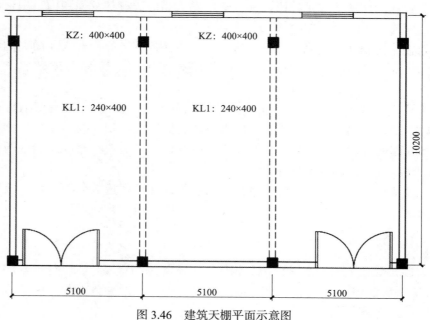

图 3.46　建筑天棚平面示意图

　　室内天棚抹灰按室内净投影面积计算，梁两侧抹灰面积并入天棚抹灰面积，框架柱凸出的面积不扣除。此处清单工程量与计价工程量计算规则一致，计价工程量同清单工程量。

　　解： 根据工程量计算规则，工程量计算见表 3.69，综合单价分析见表 3.70。

表 3.69 工程量计算表

序号	项目编码	项目名称	计量单位	数量	工程量计算式
1	011301001001	天棚抹灰	m²	161.28	投影面积: （5.1×3-0.24）×（10.2-0.24）=150.00（m²） 增加 KL 两侧面积: （10.2-0.24-0.16-0.4）×0.3×2×2=11.28（m²） 合计工程量: 150+11.28=161.28（m²）
	A12-1 换 12mm 厚	天棚抹灰	m²	161.28	同清单量

表 3.70 综合单价分析表

工程名称：例 3.20   第 1 页 共 1 页

序号	项目编码	项目名称	单位	数量	综合单价/元					
					人工费	材料费	机械使用费	管理费	利润	小计
1	011301001001	天棚抹灰	m²	161.3	13.23	6.02	0.42	1.94	2	23.61
	A12-1 换	天棚抹灰 混凝土天棚 一次抹灰 10mm 实际厚度 12mm	100m²	1.613	1323	601.67	41.58	193.64	199.78	2359.68

【例 3.21】某楼梯如图 3.47 所示，根据图示尺寸计算该楼梯底板抹灰的清单工程量，并根据《湖北省房屋建筑与装饰工程消耗量定额及全费用基价表》（2018）计算相应的计价工程量。

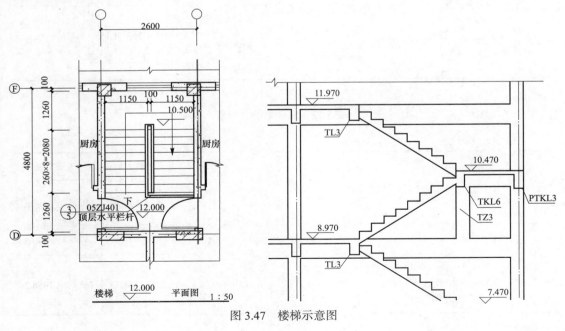

图 3.47 楼梯示意图

分析

清单工程量：楼梯底面的装饰工程量包括楼梯段底面装饰和平台底面装饰两部分。梯梁侧边也要并入工程量。"板式楼梯底面抹灰按斜面积计算"即踏步部分板底斜面积可以用投影面积乘以斜率。

计价工程量：板式楼梯底面抹灰面积（包括踏步、休息平台以及≤500mm宽的楼梯井）按水平投影面积乘以系数1.15计算，梯梁侧边不增加，楼层平台底面积不乘以系数，要并入工程量。

解：根据工程量计算规则，工程量计算见表3.71，综合单价分析见表3.72。

表3.71　工程量计算表

序号	项目编码	项目名称	计量单位	数量	工程量计算式
1	011301001001	天棚抹灰	m²	13.65	踏步部分斜率：1.188 踏步部分斜面积：(2.6-0.2)×2.08×1.188=5.93（m²） 休息平台面积：(2.6-0.2)×1.26=3.02（m²） 楼层平台面积：(2.6-0.2)×1.26=3.02（m²） 梯梁侧面积：1.68（m²） TKL6：(2.6-0.2)×0.35=0.84（m²） TL3：(2.6-0.2)×0.35=0.84（m²） 楼梯底板抹灰工程量合计： 5.93+3.02+3.02+1.68=13.65（m²）
	A12-1	天棚抹灰	m²	12.22	楼梯底板抹灰面积： (2.6-0.2)×(4.8-0.2-1.26)×1.15=9.2（m²） 楼层平台底抹灰面积：2.4×1.26=3.02（m²） 合计：9.2+3.02=12.22（m²）

表3.72　综合单价分析表

工程名称：例3.21　　　　　　　　　　　　　　　　　　　　　　　第1页　共1页

序号	项目编码	项目名称	单位	数量	综合单价/元					
					人工费	材料费	机械使用费	管理费	利润	小计
1	011301001001	天棚抹灰	m²	13.65	9.88	4.49	0.32	1.45	1.49	17.63
	A12-1	天棚抹灰 混凝土天棚 一次抹灰 10mm	100m²	0.1222	1103.13	501.71	35.22	161.53	165.65	1968.24

【例3.22】图3.48为某阳台底平面示意图，阳台两端悬臂梁截面240mm×400mm，阳台底面采用12mm厚 DP M10干混抹灰砂浆抹灰，试计算阳台底抹灰清单工程量，并根据《湖北省房屋建筑与装饰工程消耗定额及全费用基价表》（2018）计算相应计价工程量。

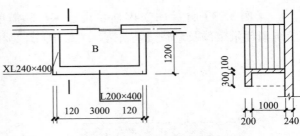

图3.48　阳台底平面示意图

分析

清单工程量：阳台、露台底面的抹灰工程量参考天棚抹灰规则，按水平投影面积计算，梁内侧面工程量并入天棚工程量，外侧面按墙面零星项目列项。

计价工程量：阳台底面抹灰按水平投影面积计算，并入相应天棚抹灰面积内。阳台如带悬臂梁者，其工程量乘以系数1.30，梁侧不展开。

解： 根据工程量计算规则，工程量计算见表3.73，综合单价分析见表3.74。

表3.73　工程量计算表

序号	项目编码	项目名称	计量单位	数量	工程量计算式
1	011301001001	天棚抹灰	m²	5.32	投影面积：3.24×1.2=3.89（m²） 增加 XL 内侧：1×0.3×2=0.6（m²） 增加 L 内侧：（3-0.24）×0.3=0.83（m²） 合计工程量：3.89+0.6+0.83=5.32（m²）
	A12-1 换 12mm 厚	天棚抹灰	m²	5.05	3.24×1.2×1.3=5.05（m²）

表3.74　综合单价分析表

工程名称：例3.22 第1页 共1页

序号	项目编码	项目名称	单位	数量	综合单价 / 元					
					人工费	材料费	机械使用费	管理费	利润	小计
1	011301001001	天棚抹灰	m²	5.32	12.56	5.71	0.39	1.84	1.9	22.4
	A12-1 换	天棚抹灰 混凝土天棚 一次抹灰 10mm 实际厚度12mm	100m²	0.0505	1323.01	601.67	41.58	193.64	199.78	2359.68

【例 3.23】 计算图 3.49 所示雨篷抹灰的清单工程量，并根据《湖北省房屋建筑与装饰消耗量定额及全费用基价表》（2018）计算相应的计价工程量。

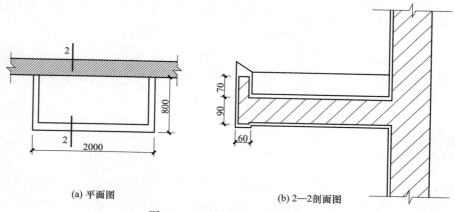

(a) 平面图　　　　　　　　　　(b) 2—2剖面图

图 3.49　雨篷平面图与剖面图

分　析

　　清单工程量：雨篷底面的抹灰工程量参考天棚抹灰计算规则，按水平投影面积计算，该雨棚底面不带悬臂梁，梁侧面不用增加。

　　计价工程量：雨篷底面或顶面抹灰分别按水平投影面积计算，并入相应天棚抹灰面积内。雨篷顶面带反沿或反梁者，其工程量乘以系数1.20；底面带悬臂梁者，其工程量乘以系数1.20，梁侧不再展开。

解： 根据工程量计算规则：

清单工程量（按展开面积计算）：

顶面、底面投影面积：2.0×0.8×2=1.6×2=3.2（m²）

反沿内侧：[2-0.06×2+（0.8-0.06）×2]×0.07=0.24（m²）

合计：3.2+0.24=3.44（m²）

计价工程量：

顶面：2.0×0.8×1.2=1.92（m²）

底面：2.0×0.8=1.6（m²）

合计：1.92+1.6=3.52（m²）

【例 3.24】 图 3.50 所示为灯光槽示意图，灯带宽 100mm，计算灯光槽工程量。

解： 灯带清单工程量与计算规则一致，按框外围面积计算。

$$（3.09×2+4.44）×0.1=1.06（m²）$$

【例 3.25】 某酒店包厢顶棚平面图如图 3.51 所示,设计 U 型轻钢龙骨石膏板吊顶($\phi 8$ 镀锌钢丝吊杆,龙骨间距 450mm×450mm,不上人),暗式窗帘盒,宽 200mm,墙厚 240mm,试计算顶棚的清单工程量,并结合《湖北省房屋建筑与装饰工程消耗量定额全费用基价表》(2018)计算相应的计价工程量。

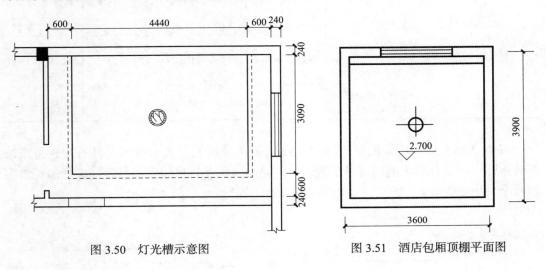

图 3.50　灯光槽示意图　　　　　　　图 3.51　酒店包厢顶棚平面图

　　清单工程量:吊顶天棚清单工程量,按水平投影面积计算,窗帘盒面积要扣除。
　　计价工程量:本例为平面天棚,龙骨、面层都按投影面积计算,扣除窗帘盒所占面积。

解:根据工程量计算规则,工程量计算见表 3.75,综合单价分析见表 3.76。

表 3.75　工程量计算表

序号	项目编码	项目名称	计量单位	数量	工程量计算式
1	011302001001	天棚吊顶	m²	11.63	主墙间的面积: (3.6−0.24)×(3.9−0.24)=12.3(m²) 扣除窗帘盒所占面积: (3.6−0.24)×0.2=0.67 清单工程量:12.3−0.67=11.63(m²)
	A12−25	天棚龙骨	m²	11.63	同清单量
	A12−91	天棚面层	m²	11.63	同清单量

表 3.76　综合单价分析表

工程名称：例 3.25　　　　　　　　　　　　　　　　　　　　　　　　　　第 1 页　共 1 页

序号	项目编码	项目名称	单位	数量	综合单价 / 元					
					人工费	材料费	机械使用费	管理费	利润	小计
1	011302001001	吊顶天棚	m²	11.63	35.07	31.07	0	4.98	5.13	76.25
	A12-25	装配式 U 型轻钢天棚龙骨（不上人型）规格 >600mm×600mm	100m²	0.1163	1995.53	2165.09	0	283.17	292.15	4735.94
	A12-91	石膏板天棚面层 安在 U 型轻钢龙骨上	100m²	0.1163	1511.72	942.09	0	214.51	221.32	2889.64

【例 3.26】 某客厅天棚尺寸如图 3.52 所示，采用不上人型轻钢龙骨石膏板吊顶，石膏板面层，试计算天棚的清单工程量，并结合《湖北省房屋建筑与装饰工程消耗量定额及全费用基价表》（2018）计算相应的计价工程量。

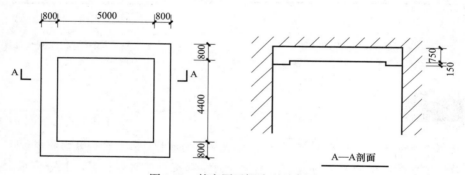

图 3.52　某客厅天棚造型示意图

清单工程量：按投影面积计算，本例虽为平面天棚，但面层有高差，龙骨按投影面积计算，面层按展开面积计算。

解： 根据工程量计算规则，工程量计算见表 3.77，综合单价分析见表 3.78。

表 3.77　工程量计算表

序号	项目编码	项目名称	计量单位	数量	工程量计算式
1	011302001001	天棚吊顶	m²	39.6	清单工程量：=6.6×6=39.6m²
	A12-25	天棚龙骨	m²	39.6	同清单量
	A12-91	天棚面层	m²	42.42	39.6+（5+4.4）×2×0.15=42.42m²

表 3.78　综合单价分析表

工程名称：例 3.26　　　　　　　　　　　　　　　　　　　　　　　　　　　第 1 页　共 1 页

序号	项目编码	项目名称	单位	数量	综合单价 / 元					
					人工费	材料费	机械使用费	管理费	利润	小计
1	011302001001	吊顶天棚	m²	39.6	36.15	31.74	0	5.13	5.29	78.31
	A12–25	装配式 U 型轻钢天棚龙骨（不上人型）规格 >600mm×600mm 平面	100m²	0.396	1995.53	2165.09	0	283.17	292.15	4735.94
	A12–91	石膏板天棚面层安在 U 型轻钢龙骨上	100m²	0.4242	1511.72	942.09	0	214.51	221.32	2899.64

【例 3.27】 图 3.53 所示为某单位活动中心的吊顶平面布置图，计算吊顶天棚清单工程量，并结合《湖北省房屋建筑与装饰工程消耗量定额及全费用基价表》（2018）计算相应的计价工程量。

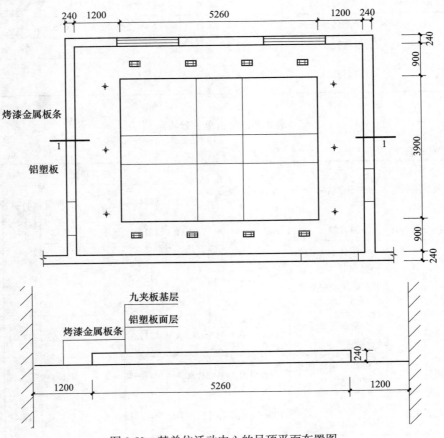

图 3.53　某单位活动中心的吊顶平面布置图

分　析

清单工程量：吊顶天棚清单工程量，按水平投影面积计算，跌级不展开。

计价工程量：本例涉及的天棚经过计算为跌级天棚，面层有高差为240mm，龙骨按投影面积计算，基层、面层按展开面积计算，开灯孔按数量计。

解：根据工程量计算规则，工程量计算见表3.79，综合单价分析见表3.80。

表3.79　工程量计算表

序号	项目编码	项目名称	计量单位	数量	工程量计算式
1	011302001001	天棚吊顶	m²	43.66	清单工程量： （1.2+5.26+1.2）×（0.9+3.9+0.9）=43.66（m²）
	A12-26	天棚龙骨	m²	43.66	同清单量
	A12-69	九夹板基层	m²	24.91	5.26×3.9+（5.26+3.9）×2×0.24=24.91（m²）
	A12-85	铝塑板面层	m²	24.91	同九夹板基层工程量
	A12-131	金属烤漆条板	m²	23.15	7.66×5.7-5.26×3.9=23.15（m²）
	A12-251	开灯孔	个	8	
	A12-251 换人工×1.3	开灯孔	个	6	

表3.80　综合单价分析表

工程名称：例3.27　　　　　　　　　　　　　　　　　　　　　　　　　　　第1页　共1页

序号	项目编码	项目名称	单位	数量	综合单价/元					
					人工费	材料费	机械使用费	管理费	利润	小计
1	011302001001	吊顶天棚	m²	43.66	54.11	121.05		7.68	7.92	190.76
	A12-26	装配式U型轻钢天棚龙骨（不上人型）规格>600mm×600mm 跌级	100m²	0.4366	2361.37	3150.7		335.08	345.7	6192.85
	A12-69	天棚基屋 胶合板基层9mm	100m²	0.2491	983.96	1932.5		139.62	114.05	3200.13
	A12-85	铝塑板天棚面层贴在胶合板上	100m²	0.2491	1880.41	8608.34		266.83	275.29	11030.87
	A12-131	天棚面层 金属板烤漆板条	100m²	0.2315	2175.04	5545.41		308.64	318.43	8347.52

续表

序号	项目编码	项目名称	单位	数量	综合单价 / 元					
					人工费	材料费	机械使用费	管理费	利润	小计
1	A12-251	天棚开孔 灯光孔、风口（每个面积在 0.02m² 以内）开孔	10 个	0.8	72.39			10.27	10.6	93.26
	A12-251 R×1.3	天棚开孔 灯光孔、风口（每个面积在 0.02m² 以内）开孔如为圆形风口者 人工 ×1.3	10 个	0.6	94.11			13.35	13.78	121.24

【例 3.28】某接待室天棚为铝扣板吊顶，如图 3.54 所示，计算吊顶天棚清单工程量，并结合《湖北省房屋建筑与装饰工程消耗量定额及全费用基价表》（2018）计算相应的计价工程量。

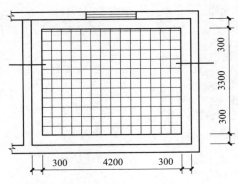

图 3.54 铝扣板吊顶天棚构造示意图

分 析

清单工程量：吊顶天棚清单工程按水平投影面积计算，跌级不展开。

计价工程量：本例经过计算为跌级天棚，面层高差240mm，龙骨按投影面积计算，基层、天棚按展开面积计算。跌级天棚套用定额时注意人工费的换算，收边条，按延长米计算。

解： 根据工程量计算规则，工程量计算见表 3.81，综合单价分析见表 3.82。

表 3.81　工程量计算表

序号	项目编码	项目名称	计量单位	数量	工程量计算式
1	011302001001	天棚吊顶	m²	18.72	清单工程量： （0.3+4.2+0.3）×（0.3+3.3+0.3）=18.72（m²）
	A12-36	天棚龙骨	m²	18.72	同清单量
	A12-125 换人工×1.3	方形铝扣板面层	m²	25.02	18.72+（4.2+3.3）×2×0.24=22.32（m²）
	A12-127	铝扣板收边条	m	17.4	（4.8+3.9）×2=17.4（m）

表 3.82　综合单价分析表

工程名称：例 3.28　　　　　　　　　　　　　　　　　　　　　　　　　第 1 页　共 1 页

序号	项目编码	项目名称	单位	数量	综合单价/元					
					人工费	材料费	机械使用费	管理费	利润	小计
1	011302001001	吊顶天棚	m²	18.72	51.81	116.21		7.35	7.58	182.95
	A12-36	装配式 T 型铝合金天棚龙骨（不上人型）规格 300mm×300mm 跌级	100m²	0.1872	2093.75	3982.09		297.1	306.53	6679.47
	A12-125 R×1.3	天棚面层 方型铝扣板 300×300 跌级天棚 其面层人工×1.3	100m²	0.2232	2157.92	6288.45		306.21	315.92	9068.5
	A12-127	天棚面层 铝扣板收边线	100m	0.174	553	151.87		78.47	80.96	864.3

▌本节学习提示

本节中学习的是天棚工程的计算规则及列项，因此在列项中，图纸上的油漆、涂料、裱糊没有考虑，但在学习完预算的计算规则后，根据统筹的方法，可以在相应图纸中直接把隶属于各分部面层的油漆、涂饰、裱糊等项目直接列出，这样可以在后续内容的学习中避免重复计算工程量，以提高学习效率。

第五节　门窗工程

▍学习目标

1. 掌握门窗工程分部分项工程量清单编制。
2. 掌握门窗工程清单工程量计算规则的相关规定。
3. 掌握门窗工程计价工程量计算规则的相关规定。
4. 掌握门窗工程清单工程综合单价的形成过程。

▍能力要求

1. 能够根据施工图对门窗工程分项工程进行描述。
2. 能够运用清单工程量计算规则对施工图编制招标清单。
3. 能够运用计价工程量计算规则对分项工程进行综合单价分析。

一、门窗工程概述

由于门窗现多为成品安装，施工方多承包给专门的门窗厂进行制作安装，因此就不另行介绍工厂化施工的内容。这里重点讲述门的开启方式以及常见门的类型，以便于准确套用定额。

（一）门窗的分类

1）顺墙壁的方向推动的门为推拉门。
2）打开门以后门扇和墙壁会形成角度的门叫作平开门。
3）按门的开启方式分类，门的类型如图 3.55 所示。
4）按材质分为木门窗、金属门窗、塑钢门窗、铝合金窗。
5）按窗的开启方式分为平开窗、推拉窗、上悬窗、固定窗。
6）图 3.56、图 3.57 所示为胶合板门、夹板门示意图。

（二）门窗工程项目设置

1. 清单项目设置

门窗工程包含 10 节 55 个分项，包括木门、金属门、金属卷帘（闸）门、其他门、木窗、金属窗、门窗套、窗帘盒、窗帘轨、窗台板等项目。项目设置明细要求见表 3.83。

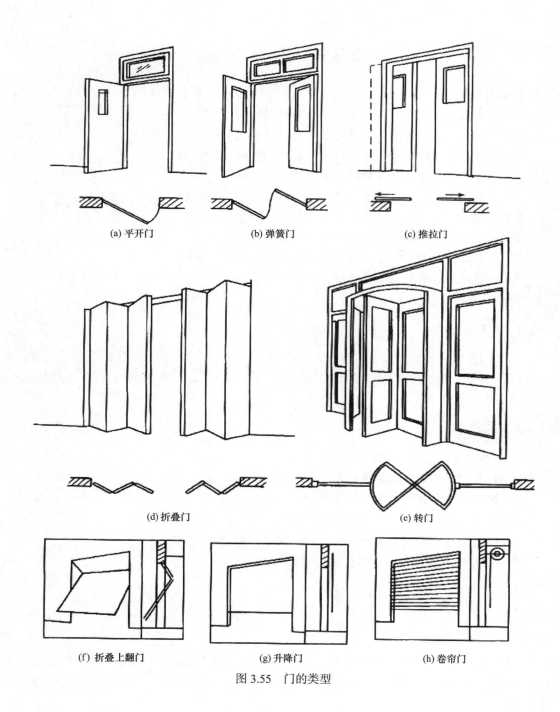

(a) 平开门　　　　(b) 弹簧门　　　　(c) 推拉门

(d) 折叠门　　　　　　(e) 转门

(f) 折叠上翻门　　　　(g) 升降门　　　　(h) 卷帘门

图 3.55　门的类型

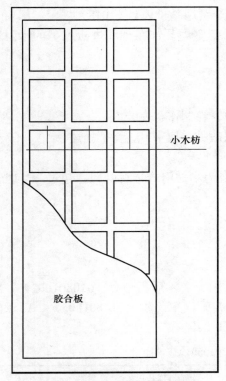

图 3.56　胶合板门示意图

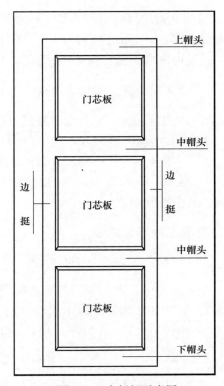

图 3.57　夹板门示意图

表 3.83　门窗工程项目设置明细

序号	清单名称	项目数量
01	木门	6
02	金属门	4
03	金属卷帘（闸）门	2
04	厂库房大门、特种门	7
05	其他门	7
06	木窗	4
07	金属窗	9
08	门窗套	7
09	窗台板	4
10	窗帘、窗帘盒、轨	5
合计		55

《湖北省房屋建筑与装饰工程消耗量定额及全费用基价表》（2018）规定，门窗工程划分为结构、屋面分册，因此，本章只具体介绍室内装饰在现场进行施工的木门窗套，以及窗帘盒、窗台板等项目。

2．清单项目设置时注意事项

1）木门窗五金、铝合金门窗五金费用一般包含在制作与安装内。

2）其他五金单独列项，包括范围（门锁、门磁吸、拉手）、特征描述。

3）门的开启方式不同，分别列清单。

4）玻璃、百叶面积占其门扇面积一半以内者为半玻门或半百叶门，超过一半时为全玻门或全百叶门。

二、门窗工程清单编制

（一）木门（编码：010801）

清单项目中，木门项目包含木质门（010801001）、木质门带套（010801002）、木质连窗门（010801003）、木质防火门（010801004）、木门框（010801005）、门锁安装（010801006）共6个分项，项目设置要求见表3.84。

表3.84 木门（编码：010801）

项目编码	项目名称	项目特征	计量单位	工程量计算规则	工程内容
010801001	木质门	1.门代号及洞口尺寸 2.镶嵌玻璃品种、厚度	1.樘 2.m²	1.以樘计量，按设计图示数量计算 2.以平方米计量，按设计图示洞口尺寸以面积计算	1.门安装 2.玻璃安装 3.五金安装
010801002	木质门带套				
010801003	木质连窗门				
010801004	木质防火门				
010801005	木门框	1.门代号及洞口尺寸 2.框截面尺寸 3.防护材料种类	1.樘 2.m	1.以樘计量，按设计图示数量计算 2.以米计量，按设计图示框的中心线以延长米计算	1.木门框制作、安装 2.运输 3.刷防护材料
010801006	门锁安装	1.锁品种 2.锁规格	个（套）	按设计图示数量计算	安装

注：1.木质门应区分镶板木门、企口木板门、实木装饰门、胶合板门、夹板装饰门、木纱门、全玻门（带木质扇框）、木质半玻门（带木质扇框）等项目，分别编码列项。

2.木门五金包括：折页、插销、门碰珠、弓背拉手、搭机、木螺钉、弹簧折页（自动门）、管子拉手（自由门、地弹门）地弹簧、（地簧门）角铁、门轧头（地弹门、自由门）等。

3.木质门带套计量按洞口尺寸以面积计算，不包括门套的面积，但门套应计算在综合单价中。

4.以樘计量，项目特征应描述洞口尺寸；以平方米计量，项目特征可不描述洞口尺寸。

5.单独制作安装木门框按木门框项目编码列项。

（二）金属门（编码：010802）

清单项目中，金属门包含金属（塑钢）门（010802001）、彩板门（010802002）、钢质防火门（010802003）、防盗门（010802004）4个分项，项目设置要求见表3.85。

表3.85 金属门（编码：010802）

项目编码	项目名称	项目特征	计量单位	工程量计算规则	工程内容
010802001	金属（塑钢）门	1.门代号及洞口尺寸 2.门框或扇外围尺寸 3.门框、扇材质	1.樘 2. m²	1.以樘计量，按设计图示数量计算 2.以平方米计量，按设计图示洞口尺寸以面积计算	1.门安装 2.五金安装 3.玻璃安装
010802002	彩板门	1.门代号及洞口尺寸 2.门框或扇外围尺寸			
010802003	钢质防火门	1.门代号及洞口尺寸 2.门框或扇外围尺寸 3.门框、扇材质			1.门安装 2.五金安装
010802004	防盗门				

注：1.金属门应区分金属平开门、金属推拉门、金属地弹门、全玻门（带金属扇框）、金属半玻门（带金属扇框）等项目，分别编码列项。

2.铝合金门五金包括：地弹簧、门锁、拉手、门铰、螺钉等。

3.金属门五金包括：L型执手插锁（双舌）、执手锁（单舌）、门轧头、地锁、防盗门机、门眼（猫眼）门碰珠、电子锁（磁卡锁）、闭门器、装饰拉手等。

4.以樘计量，项目特征应描述洞口尺寸，没有洞口尺寸必须描述门框或扇外围尺寸；以平方米计量，项目特征可不描述洞口尺寸及框、扇的外围尺寸。

5.以平方米计量，无设计图示洞口尺寸，按门框、扇外围以面积计算。

（三）金属卷帘门（编码：010803）

清单项目中，金属卷帘门包含金属卷（帘）闸门（010803001）、防火卷帘（闸）门（010803002）2个分项，项目设置要求见表3.86。

表3.86 金属卷帘门（编码：010803）

项目编码	项目名称	项目特征	计量单位	工程量计算规则	工程内容
010803001	金属卷（帘）闸门	1.门代号及洞口尺寸 2.门材质 3.启动装置品种、规格	1. m² 2.樘	1.以樘计量，按设计图示数量计算 2.以平方米计量，按设计图示洞口尺寸以面积计算	1.门运输、安装 2.启动装置、活动小门、五金安装
010803002	防火卷（帘）闸门				

（四）厂库房大门、特种门（编码：010804）

清单项目中，厂库房大门、特种门包含木质大门（010804001）、钢木大门（010804002）、全钢板大门（010804003）、防护铁丝门（010804004）、金属格栅门（010804005）、钢制花饰大门（010804006）、特种门（010804007）共 7 个分项，项目设置要求见表 3.87。

表 3.87　厂库房门、特种门（编码：010804）

项目编码	项目名称	项目特征	计量单位	工程量计算规则	工程内容
010804001	木质大门	1. 门代号及洞口尺寸 2. 门框或扇外围尺寸 3. 门框、扇材质 4. 五金种类、规格 5. 防护材料种类	1. 樘 2. m²	1. 以樘计量，按设计图示以数量计算 2. 以平方米计量，按设计图示洞口尺寸以面积计算	1. 门（骨架）制作、运输 2. 门、五金配件安装 3. 刷防护材料
010804002	钢木大门				
010804003	全钢板大门				
010804004	防护铁丝门				
010804005	金属格栅门	1. 门代号及洞口尺寸 2. 门框或扇外围尺寸 3. 门框、扇材质 4. 启动装置的品种、规格		1. 以樘计量，按设计图示以数量计算 2. 以平方米计量，按设计图示门框或扇以面积计算	1. 门安装 2. 启动装置、五金配件安装
010804006	钢制花饰大门	1. 门代号及洞口尺寸 2. 门框或扇外围尺寸 3. 门框、扇材质		1. 以樘计量，按设计图示以数量计算 2. 以平方米计量，按设计图示门框或扇以面积计算	1. 门安装 2. 五金配件安装
010804007	特种门			1. 以樘计量，按设计图示以数量计算 2. 以平方米计量，按设计图示洞口尺寸以面积计算	

注：1. 特种门应区分冷藏门、冷冻间门、保温门、变电室门、隔音门、防射线门、人防门、金库门等项目，分别编码列项。

2. 以樘计量，项目特征应描述洞口尺寸，没有洞口尺寸必须描述门框或扇外围尺寸；以平方米计量，项目特征可不描述洞口尺寸及框、扇的外围尺寸。

3. 以平方米计量，无设计图示洞口尺寸，按门框、扇外围以面积计算。

（五）其他门（编码：010805）

清单项目中，其他门包含电子感应门（010805001）、旋转门（010805002）、电子对讲门（010805003）、电动伸缩门（010805004）、全玻自由门（010805005）、镜面不锈钢饰面门（010805006）、复合材料门（010805007）共 7 个分项，项目设置要求见表 3.88。

表 3.88 其他门 (编码: 010805)

项目编码	项目名称	项目特征	计量单位	工程量计算规则	工程内容
010805001	电子感应门	1. 门代号及洞口尺寸 2. 门框或扇外围尺寸 3. 门框、扇材质 4. 玻璃品种、厚度 5. 启动装置的品种、规格 6. 电子配件品种、规格	1. 樘 2. m²	1. 以樘计量,按设计图示数量计算 2. 以平方米计量,按设计图示洞口尺寸以面积计算	1. 门安装 2. 启动装置、五金、电子配件安装
010805002	旋转门				
010805003	电子对讲门	1. 门代号及洞口尺寸 2. 门框或扇外围尺寸 3. 门材质 4. 玻璃品种、厚度 5. 启动装置的品种、规格 6. 电子配件品种、规格			
010805004	电动伸缩门				
010805005	全玻自由门	1. 门代号及洞口尺寸 2. 门框或扇外围尺寸 3. 框材质 4. 玻璃品种、厚度			1. 门安装 2. 五金安装
010805006	镜面不锈钢饰面门	1. 门代号及洞口尺寸 2. 门框或扇外围尺寸 3. 框、扇材质 4. 玻璃品种、厚度			
010805007	复合材料门				

注: 1. 以樘计量,项目特征应描述洞口尺寸,没有洞口尺寸必须描述门框或扇外围尺寸;以平方米计量,项目特征可不描述洞口尺寸及框、扇的外围尺寸。

2. 以平方米计量,无设计图示洞口尺寸,按门框、扇外围以面积计算。

(六) 木窗 (编码: 010806)

清单项目中,木窗包含木制窗 (010806001)、木飘窗 (凸窗) (010806002)、木橱窗 (010806003)、木纱窗 (010806004) 等 4 个分项,项目设置要求见表 3.89。

表 3.89 木窗 (编码: 010806)

项目编码	项目名称	项目特征	计量单位	工程量计算规则	工程内容
010806001	木制窗	1. 窗代号及洞口尺寸 2. 玻璃品种、厚度	1. 樘 2. m²	1. 以樘计量,按设计图示数量计算 2. 以平方米计量,按设计图示洞口尺寸以面积计算	1. 窗安装 2. 五金、玻璃安装
010806002	木飘 (凸窗)				

续表

项目编码	项目名称	项目特征	计量单位	工程量计算规则	工程内容
010806003	木橱窗	1. 窗代号 2. 框截面及外围展开面积 3. 玻璃品种、厚度 4. 防护材料种类	1. 樘 2. m²	1. 以樘计量，按设计图示数量计算 2. 以平方米计量，按设计图示尺寸以框外围展开面积计算	1. 窗制作、运输、安装 2. 五金、玻璃安装 3. 刷防护材料
010806004	木纱窗	1. 窗代号及框的外围尺寸 2. 窗纱材料品种、规格		1. 以樘计量，按设计图示数量计算 2. 以平方米计量，按框的外围面积计算	1. 窗安装 2. 五金安装

注：1. 木质窗应区分木百叶窗、木组合窗、木天窗、木固定窗、木装饰空花窗等项目，分别编码列项。

　　2. 以樘计量，项目特征必须描述洞口尺寸，没有洞口尺寸必须描述窗框外围尺寸；以平方米计量，项目特征可不描述洞口尺寸及框的外围尺寸。

　　3. 以平方米计量，无设计图示洞口尺寸，按窗框外围以面积计算。

　　4. 木橱窗、木飘（凸）窗以樘计量，项目特征必须描述框截面及外围展开面积。

　　5. 木窗五金包括：折页、插销、风钩、木螺钉、滑轮滑轨（推拉窗）等。

（七）金属窗（编码：010807）

清单项目中，金属窗包含金属（塑钢、断桥）窗（010807001）、金属防火窗（010807002）、金属百叶窗（010807003）、金属纱窗（010807004）、金属格栅窗（010807005）、金属（塑钢、断桥）橱窗（010807006）、金属（塑钢、断桥）飘（凸）窗（010807007）、彩板窗（010807008）、复合材料窗（010807009）共 9 个分项，项目设置要求见表 3.90。

表 3.90　金属窗（编码：010807）

项目编码	项目名称	项目特征	计量单位	工程量计算规则	工程内容
010807001	金属（塑钢、断桥）窗	1. 窗代号及洞口尺寸 2. 框、扇材质 3. 玻璃品种、厚度	1. 樘 2. m²	1. 以樘计量，按设计图示数量计算 2. 以平方米计量，按设计图示洞口尺寸以面积计算	1. 窗安装 2. 五金、玻璃安装
010807002	金属防火窗				
010807003	金属百叶窗	1. 窗代号及洞口尺寸 2. 框、扇材质 3. 玻璃品种、厚度		1. 以樘计量，按设计图示数量计算 2. 以平方米计量，按设计图示洞口尺寸以面积计算	
010807004	金属纱窗	1. 窗代号及框的外围尺寸 2. 框材质 3. 窗纱材料品种、规格		1. 以樘计量，按设计图示数量计算 2. 以平方米计量，按框外围尺寸以面积计算	1. 窗安装 2. 五金安装
010807005	金属格栅窗	1. 窗代号及洞口尺寸 2. 框外围尺寸 3. 框、扇材质		1. 以樘计量，按设计图示数量计算 2. 以平方米计量，按设计图示洞口尺寸以面积计算	

项目编码	项目名称	项目特征	计量单位	工程量计算规则	工程内容
010807006	金属（塑钢、断桥）橱窗	1. 窗代号 2. 框外围展开面积 3. 框、扇材质 4. 玻璃品种、厚度 5. 防护材料种类	1. 樘 2. m²	1. 以樘计量，按设计图示数量计算 2. 以平方米计量，按设计图示尺寸以框外围展开面积	1. 窗制作、运输、安装 2. 五金、玻璃安装 3. 刷防护材料
010807007	金属（塑钢、断桥）飘（凸）窗	1. 窗代号 2. 框外围展开面积 3. 框、扇材质 4. 玻璃品种、厚度			1. 窗安装 2. 五金、玻璃安装
010807008	彩板窗	1. 窗代号及洞口尺寸 2. 框外围尺寸 3. 框、扇材质 4. 玻璃品种、厚度		1. 以樘计量，按设计图示数量计算 2. 以平方米计量，按设计图示洞口尺寸或框外围以面积计算	
010807009	复合材料窗				

注：1. 金属窗应区分金属组合窗、防盗窗等项目，分别编码列项。

　　2. 以樘计量，项目特征必须描述洞口尺寸，没有洞口尺寸必须描述窗框外围尺寸；以平方米计量，项目特征可不描述洞口尺寸及框的外围尺寸。

　　3. 以平方米计量，无设计图示洞口尺寸，按窗框外围以面积计算。

　　4. 金属橱窗、飘（凸）窗以樘计量，项目特征必须描述框外围展开面积。

　　5. 金属窗五金包括：折页、螺钉、执手、卡锁、铰拉、风撑、滑轮、滑轨、拉把、拉手、角码、牛角制等。

（八）门窗套（编码：010808）

1．构造做法

门窗套是为了保护门窗洞口四周侧壁而进行的一种装饰构造，通过在侧壁通过运用龙骨或基层板进行固定，面饰装饰板的一种造型方式。根据材料划分，可以分为木门窗套、不锈钢门窗套、石材门窗套。木门窗套常见的构造如图 3.58 所示。

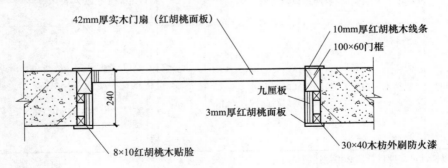

剖面图

图 3.58　木门窗套构造示意图

2．清单项目设置

清单项目中，门窗套包含木门窗套（010808001）、木筒子板（010808002）、饰面夹板筒子板（010808003）、金属门窗套（010808004）、石材门窗套（010808005）、门窗木贴脸（010808006）、成品木门窗套（010808007）共7个分项，项目设置要求见表3.91。

表3.91　门窗套（编码：010808）

项目编码	项目名称	项目特征	计量单位	工程量计算规则	工程内容
010808001	木门窗套	1. 窗代号及洞口尺寸 2. 门窗套展开宽度 3. 基层材料种类 4. 面层材料品种、规格 5. 线条品种、规格 6. 防护材料种类	1. 樘 2. m² 3. m	1. 以樘计量，按设计图示数量计算 2. 以平方米计量，按设计图示尺寸以展开面积计算 3. 以米计量，按设计图示中心以延长米计算	1. 清理基层 2. 立筋制作、安装 3. 基层板安装 4. 面层铺贴 5. 线条安装 6. 刷防护材料
010808002	木筒子板	1. 筒子板宽度 2. 基层材料种类 3. 面层材料品种、规格 4. 线条品种、规格 5. 防护材料种类			
010808003	饰面夹板筒子板				
010808004	金属门窗套	1 窗代号及洞口尺寸 2. 门窗套展开宽度 3. 基层材料种类 4. 面层材料品种、规格 5. 防护材料种类			1. 清理基层 2. 立筋制作、安装 3. 基层板安装 4. 面层铺贴 5. 刷防护材料
010808005	石材门窗套	1. 窗代号及洞口尺寸 2. 门窗套展开宽度 3. 黏结层厚度、砂浆配合比 4. 面层材料品种、规格 5. 线条品种、规格			1. 清理基层 2. 立筋制作、安装 3. 基层抹灰 4. 面层铺贴 5. 线条安装
010808006	门窗木贴脸	1. 门窗代号及洞口尺寸 2. 贴脸板宽度 3. 防护材料种类	1. 樘 2. m	1. 以樘计量，按设计图示数量计算 2. 以米计量，按设计图示尺寸以延长米计算	安装
010808007	成品木门窗套	1. 门窗代号及洞口尺寸 2. 门窗套展开宽度 3. 门窗套材料品种、规格	1. 樘 2. m² 3. m	1. 以樘计量，按设计图示数量计算 2. 以平方米计量，按设计图示尺寸以展开面积计算 3. 以米计量，按设计图示中心以延长米计算	1. 清理基层 2. 立筋制作、安装 3. 板安装

注：1. 以樘计量，项目特征必须描述洞口尺寸、门窗套展开宽度。

2. 以平方米计量，项目特征可不描述洞口尺寸、门窗套展开宽度。

3. 以米计量，项目特征必须描述门窗套展开宽度、筒子板及贴脸宽度。

4. 木门窗套适用于单独门窗套的制作、安装。

（九）窗台板（编码：010809）

1. 构造做法

窗台板（图3.59）用来保护和装饰窗台，其形状和尺寸应按设计要求制作，窗台板的长度一般比窗洞口宽度长100mm左右。宽度视窗口深度而定，一般突出窗口30～50mm，台板的外延要倒边。

图3.59　窗台板构造示意图

根据设计方式的不同，窗台板有多种材料的构造方式，可以选择与门窗套的材质相同的木窗台板，也可以采用人造石或天然石材进行湿贴或粘贴。

2. 清单项目设置

清单项目中，窗台板包含木窗台板（010809001）、铝塑窗台板（010809002）、金属窗台板（010809003）、石材窗台板（010809004）共4个分项，项目设置要求见表3.92。

表3.92　窗台板（编码：010809）

项目编码	项目名称	项目特征	计量单位	工程量算规则	工作内容
010809001	木窗台板	1. 基层材料种类 2. 面板材质、规格、颜色 3. 防护材料种类	m²	按设计图示尺寸以展开面积计算	1. 基层清理 2. 基层制作、安装 3. 窗台板制作、安装 4. 刷防护材料
010809002	铝塑窗台板				
010809003	金属窗台板				
010809004	石材窗台板	1. 结层厚度、砂浆配合比 2. 窗台板材质、规格、颜色			1. 基层清理 2. 抹找平层 3. 窗台板制作、安装

（十）窗帘、窗帘盒、窗帘轨（编码：010810）

1．构造做法

窗帘盒根据天棚构造方式的不同，分为明式和暗式两种。明式是外露于天棚下方，用胶合板制作成型的。暗式窗帘盒则是隐藏于天棚吊顶内的一种造型方式。窗帘盒的规格一般高 100mm 左右，单杆宽度为 120mm，双杆宽度为 150mm 以上，窗帘盒长度有按墙体的满幅设置，有的按洞口宽度两端各加 150mm 设置。

2．清单项目设置

清单项目中，窗帘、窗帘盒、窗帘轨包含窗帘（010810001），木窗帘盒（010810002），饰面夹板、塑料窗帘盒（010810003），铝合金窗帘盒（010810004），窗帘轨（010810005）共 5 个分项，项目设置要求见表 3.93。

表 3.93　窗帘、窗帘盒、窗帘轨（编码：010810）

项目编码	项目名称	项目特征	计量单位	工程量计算规则	工程内容
010810001	窗帘	1. 窗帘材质 2. 窗帘高度、宽度 3. 窗帘层数 4. 带幔要求	1. m 2. m²	1. 以米计量，按设计图示尺寸以成活后长度计算 2. 以平方米计量，按图示尺寸以成活后展开面积计算	1. 制作、运输 2. 安装
010810002	木窗帘盒	1. 窗帘盒材质、规格 2. 防护材料种类	m	按设计图示尺寸以长度计算	1. 制作、运输、安装 2. 刷防护材料
010810003	饰面夹板、塑料窗帘盒				
010810004	铝合金窗帘盒				
010810005	窗帘轨	1. 窗帘轨材质、规格 2. 轨的数量 3. 防护材料种类			

注：1. 窗帘若是双层，项目特征必须描述每层材质。
　　2. 窗帘以米计量，项目特征必须描述窗帘高度和宽。

三、门窗工程清单计价

依据《湖北省房屋建筑与装饰工程消耗量定额及全费用基价表》（2018）第五章门窗工程的规定，计价工程量计算要求如下。

（一）门窗工程计价工程量计算相关说明

1．木门

成品套装门安装包括门套和门扇的安装，定额子目以门的开启方式、安装方法不同进行划分。成品木门（带门套）定额中，已包括了相应的贴脸及装饰线条安装人工及材料消耗量，不另单独计算。

2．金属门、窗，防盗栅（网）

1）铝合金成品门窗安装项目按隔热断桥铝合金型材考虑，当设计为普通铝合金型材时，按相应项目执行，其中人工乘以系数0.8。

2）金属门连窗，门、窗应分别执行相应项目。

3）彩板钢窗附框安装执行彩板钢门附框安装项目。

4）金属防盗栅（网）制作安装，若单位面积主材含量超过20%时，可以调整。

3．金属卷帘（闸）

1）金属卷帘（闸）项目是按卷帘侧装（即安装在门洞口内侧或外侧）考虑的，当设计为中装（即安装在口中）时，按相应项目执行，其中人工乘以系数1.1。

2）金属卷帘（闸）项目是按不带活动小门考虑的，当设计为带活动小门时，按相应项目执行，其中人工乘以系数1.07，材料调整为带活动小门金属卷帘（闸）。

4．厂库房大门、特种门

1）厂库房大门项目是按一、二类木种考虑的，如采用三、四类木种时，制作按相应项目执行，人工和机械乘以系数1.3；安装按相应项目执行，人工和机械乘以系数1.35。

2）厂库房大门的铜骨架制作以钢材重量表示，已包括在定额中，不再另列项计算。

3）冷藏库门、冷藏冻结间门、防辐射门安装项目包括筒子板制作安装。

5．门钢架、门窗套、包门框（扇）

1）门钢架基层、面层项目未包括封边线条，设计要求时，另按《湖北省房屋建筑与装饰消耗量定额及全费用基价表》（2018）"第十四章其他装饰工程"中相应线条项目执行。

2）门窗套（筒子板）、门扇贴饰面板项目未包括封边线条，设计要求时，按《湖北省房屋建筑与装饰消耗量定额及全费用基价表》（2018）"第十四章其他装饰工程"中相应条项目执行。

3）包门框设计只包单边框时，按定额含量的60%计算。

4）包门扇如设计与定额不同时，饰面板材可以换算，定额人工含量不变。

6．窗台板

1）窗台板与暖气罩相连时，窗台板并入暖气罩，按本定额"第十四章其他装饰工程"中相应暖气罩项目执行。

2）石材窗台板安装项目按成品窗台板考虑。实际为非成品需现场加工时，石材加工另按《湖北省房屋建筑与装饰消耗量定额及全费用基价表》（2018）"第十四章其他装饰工程"中石材加工相应项目执行。

（二）门窗工程计价工程量计算规则

1．木门

1）成品木门框安装按设计图示框的中心线长度计算。

2）成品木门扇安装按设计图示面积计算。

3）成品套装木门安装按设计图示数量计算。

4）木质防火门安装按设计图示洞口面积计算。

5）纱门按设计图示门扇外围面积计算。

2. 金属门、窗、防盗栅（网）

1）铝合金门窗（飘窗、阳台封闭窗除外）、塑钢门窗、塑料节能门窗均按设计图示门、窗洞口面积计。

2）彩板钢门窗按设计图示门、窗洞口面积计算。彩板钢门窗附框按框中心线长度计算。

3）门连窗按设计图示洞口面积分别计算门窗面积，其中窗的宽度算至门框的外边线。

4）纱窗扇按设计图示窗扇外围面积计算。

5）飘窗、阳台封闭窗按设计图示框型材外边线尺寸以展开面积计算。

6）钢质防火门、防盗门、不锈钢格栅防盗门、电控防盗门、防盗窗、钢质防火窗、金属防盗栅（网）按设计图示门洞口面积计算。

7）电控防盗门控制器按设计图示套数计算。

3. 金属卷帘（闸）

金属卷帘（闸）按设计图示卷帘门宽度乘以卷帘门高度（包括卷帘箱高度）以面积计算。电动装置安装按设计图示套数计算。

4. 厂库房大门、特种门

厂库房大门、特种门按设计图示门洞口面积计算。百叶钢门的安装工程量按设计尺寸以重量计算，不扣除孔眼、切肢、切片、切角的重量。

5. 其他门

1）全玻有框门扇按设计图示扇边框外边线尺寸以扇面积计算；全玻无框（条夹）门扇按设计图示扇面积计算，高度算至条夹外边线、宽度算至玻璃外边线；全玻无框（点夹）门扇按设计图示玻璃外边线尺寸以扇面积计算；无框亮子按设计图示门框与横梁或立柱内边缘尺寸玻璃面积计算。

2）全玻转门按设计图示数量计算；全玻转门传感装置伸缩门电动装置和电子感应门电磁感应装置按设计图示套数计算。

3）不锈钢伸缩门按设计图示延长米计算。

4）电子感应门安装按设计图示数量计算。

5）金属子母门安装按设计图示洞口面积计算。

6. 门钢架、门窗套、包门框（扇）

1）门钢架按设计图示尺寸以质量计算；门钢架基层、面层按设计图示饰面外围尺寸展开面积计算。

　　2）门窗套（筒子板）龙骨、面层、基层均按设计图示饰面外围尺寸展开面积计算。

　　3）成品门窗套按设计图示饰面外围尺寸展开面积计算。

　　4）包门框按展开面积计算；包门扇及木门扇镶贴饰面板按门扇垂直投影面积计算。

　　7. 窗台板、窗帘盒、窗帘轨

　　1）窗台板按设计图示长度乘以宽度以面积计算。图纸未注明尺寸的，窗台板长度可按窗框的外围宽度两边共加100mm计算。窗台板凸出墙面的宽度按墙面外加50mm计算。

　　2）窗帘盒、窗帘轨按设计图示长度计算。

　　8. 其他

　　1）包橱、窗框按橱窗洞口面积计算。

　　2）门、窗洞口安装玻璃按洞口面积计算；玻璃加工、钻孔按个计算，划圆孔、划线按面积计算。

　　3）玻璃黑板按外框外围尺寸以垂直投影面积计算。

　　4）铝合金踢脚板安装按实铺面积计算。

　　（三）案例

　　【例3.29】某星级宾馆包房门为实木门扇及门框，框料宽65mm，如图3.60所示。试根据图示尺寸，计算清单工程量，并根据《湖北省房屋建筑与装饰工程消耗量定额及全费用基价表》（2018）计算相应的计价工程量。

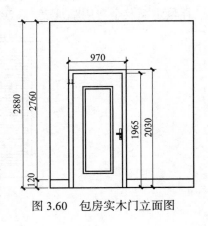

图3.60　包房实木门立面图

　　解：根据工程量计算规则，工程量计算见表3.94，综合单价分析见表3.95。

分 析

　　清单工程量：木质门按门洞口面积计算。

　　计价工程量：按门框、门扇分别列定额子目，门框按中心线长度计算，门扇按图示扇面积计算。

表3.94　工程量计算表

序号	项目编码	项目名称	计量单位	数量	工程量计算式
1	010801001001	木质门	m²	1.97	2.03×0.97=1.97（m²）
	A5-2	成品木门框安装	m	4.9	2.03×2+（0.97-0.065×2）=4.9（m）
	A5-1	成品木门扇安装	m²	1.65	1.965×（0.97-0.065×2）=1.65（m²）

表 3.95　综合单价分析表

工程名称：例 3.29　　　　　　　　　　　　　　　　　　　　　　　　　第 1 页　共 1 页

序号	项目编码	项目名称	单位	数量	综合单价 / 元					
					人工费	材料费	机械使用费	管理费	利润	小计
1	010801001001	木质门	m²	1.97	27.73	673.36	0	7.84	5.47	714.4
	A5-2	成品木门框安装	100m	0.049	608.09	10798.12	0	171.91	119.98	11698.1
	A5-1	成品木门扇安装	100m²	0.0165	1504.11	48327.1	0	425.21	296.76	50553.18

【例 3.30】某公司仓库门为电动铝合金卷闸门（内侧安装），卷筒罩高度 600mm，如图 3.61 所示。试根据图示计算其清单工程量，并根据《湖北省房屋建筑与装饰工程消耗量定额及全费用基价表》（2018）计算相应的计价工程量。

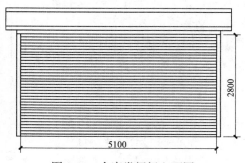

图 3.61　仓库卷闸门立面图

清单工程量：卷闸门按门洞口面积计算。

计价工程量：金属卷闸门按设计图示卷帘门宽度乘以高度（包括卷帘箱高度）以面积计算。电动装置安装按设计图示套数计算。

解：根据工程量计算规则，工程量计算见表 3.96，综合单价分析见表 3.97。

表 3.96　工程量计算表

序号	项目编码	项目名称	计量单位	数量	工程量计算式
1	010803001001	金属卷闸门	m²	14.28	2.8×5.1=14.28（m²）
	A5-28	铝合金卷闸门	m²	17.34	（2.8+0.6）×5.1=17.34（m²）
	A5-31	电动装置	套	1	

表 3.97 综合单价分析表

工程名称：例3.30   第1页 共1页

序号	项目编码	项目名称	单位	数量	综合单价/元					
					人工费	材料费	机械使用费	管理费	利润	小计
1	010803001001	金属卷帘（闸）门	m²	14.28	97.28	491.42	2.2	28.12	19.63	638.65
	A5-28	卷帘（闸）铝合金	100m²	0.1734	6347	32676.95	63.08	1812.12	1264.7	42163.8
	A5-31	电动装置	套	1	288.58	1351.32	20.5	87.38	60.98	1808.76

【例 3.31】 图3.62为某博物馆展厅窗台板，材质为英国棕花岗岩，窗洞口尺寸3000mm×1800mm，试根据图示尺寸计算窗台板的清单工程量，并根据《湖北省房屋建筑与装饰工程消耗量定额及全费用基价表》（2018）计算相应的计价工程量。

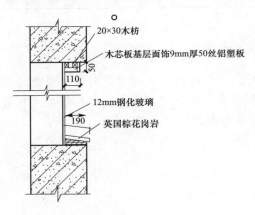

图 3.62 窗台板大样图

 分 析

　　清单工程量：窗台板按展开面积计算。
　　计价工程量：窗台板按设计图示长度乘以宽度以面积计算。图纸未注明尺寸的，窗台板长度可按窗框的外围宽度两边共加100mm计算。窗台板凸出墙面的宽度按墙面外加50mm计算。

　　解： 根据工程量计算规则，工程量计算见表3.98，综合单价分析见表3.99。

建筑装饰工程计量与计价

表 3.98 工程量计算表

序号	项目编码	项目名称	计量单位	数量	工程量计算式
1	010809004001	石材窗台板	m²	0.59	3.1×0.19=0.59（m²）
	A5-153	石材窗台板	m²	0.59	同清单量

表 3.99 综合单价分析表

工程名称：例 3.31　　　　　　　　　　　　　　　　　　　　第 1 页　共 1 页

序号	项目编码	项目名称	单位	数量	综合单价 / 元					
					人工费	材料费	机械使用费	管理费	利润	小计
1	010809004001	石材窗台板	m²	0.59	50.59	163.39	0	14.31	9.98	238.27
	A5-153	窗台板 面层 石材	10m²	0.059	505.85	1633.88	0	143	99.8	2382.5

▌本节学习提示

　　门窗的制作通常是在工厂进行，现场成品安装，因此门窗的计算规则相对楼地面、墙柱面、天棚工程而言，比较简单，大部分以洞口面积计算；门窗细部装饰以现场制作安装为主，需要按规则进行计算。

第六节　油漆工程

▌学习目标

1. 掌握油漆工程分部分项工程量清单编制。
2. 掌握油漆工程清单工程量计算规则的相关规定。
3. 掌握油漆工程计价工程量计算规则的相关规定。
4. 掌握油漆工程清单工程综合单价的形成过程。

▌能力要求

1. 能够根据施工图对油漆工程分项工程进行描述。
2. 能够运用清单工程量计算规则对施工图编制招标清单。
3. 能够运用计价工程量计算规则对分项工程进行综合单价分析。

一、油漆工程项目设置

油漆工程共有 8 节 36 个分项，其项目设置见表 3.100。

表 3.100　油漆工程清单设置明细

序号	清单名称	分项数量
01	门油漆	2
02	窗油漆	2
03	木扶手及其他条板、线条油漆	5
04	木材面油漆	15
05	金属面油漆	1
06	抹灰面油漆	3
07	喷刷涂料	6
08	裱糊	2
合计		36

项目特征描述时注意问题：

1）已包含油漆涂料的项目不再单独按本章列项。

2）连窗门油漆按门油漆列项。

3）木扶手区别带托板和不带托板分别编码列项。

二、油漆工程清单编制

（一）门油漆（编码：011401）

1. 清单项目设置

清单项目中，门油漆包含木门油漆（011401001），金属门油漆（011401002）2 个分项，项目设置见表 3.101。

表 3.101　门油漆（编码：011401）

项目编码	项目名称	项目特征	计量单位	工程量计算规则	工程内容
011401001	木门油漆	1. 门类型 2. 门代号及洞口尺寸 3. 腻子种类 4. 刮腻子要求 5. 防护材料种类 6. 油漆品种、刷漆遍数	1. 樘 2. m²	1. 以樘计量，按设计图示数量计量 2. 以平方米计量，按设计图示洞口尺寸以面积计算	1. 基层清理 2. 刮腻子 3. 刷防护材料、油漆
011401002	金属门油漆				1. 除锈、基层清理 2. 刮腻子 3. 刷防护材料、油漆

注：1. 木门油漆应区分木大门、单层木门、双层（一玻一纱）木门、双层（单裁口）木门、全玻自由门、半玻自由门、装饰门及有框门、无框门等项目，分别编码列项。
　　2. 金属门油漆应区分平开门、推拉门、钢制防火门等项目，分别编码列项。
　　3. 以平方米计量，项目特征可不描述洞口尺寸。

2. 清单工程量计算规则解释

1）工程量一般以面积计算比较方便，如果门窗型号单一，可以选择按数量计。
2）注意洞口面积与门扇面积的区别，洞口面积可以查看施工图门窗表。门窗表中的数据要事先核对准确。
3）门油漆工程量计算包含了刮腻子、油漆等工程内容。

（二）窗油漆（编码：011402）

清单项目中，窗油漆项目包含木窗油漆（011402001），金属窗油漆（011402002）2 个分项，项目设置见表 3.102。

表 3.102　窗油漆（编码：011402）

项目编码	项目名称	项目特征	计量单位	工程量计算规则	工程内容
011402001	木窗油漆	1. 窗类型 2. 窗代号及洞口尺寸 3. 腻子种类 4. 刮腻子要求 5. 防护材料种类 6. 油漆品种、刷漆遍数	1. 樘 2. m²	1. 以樘计量，按设计图示数量计量 2. 以平方米计量，按设计图示洞口尺寸以面积计算	1. 基层清理 2. 刮腻子 3. 刷防护材料、油漆
011402002	金属窗油漆				1. 除锈、基层清理 2. 刮腻子 3. 刷防护材料、油漆

注：1. 木窗油漆应区分木窗、单层木窗、双层（一玻一纱）木窗、双层框扇（单裁口）木窗、双层框三层（二玻一纱）木窗、单层组合窗、双层组合窗、木百叶窗、木推拉窗等项目，分别编码列项。
　　2. 金属窗油漆应区分平开窗、推拉窗、固定窗、组合窗、金属格栅窗等项目，分别编码列项。
　　3. 以平方米计量，项目特征可不描述洞口尺寸。

（三）木扶手及其他板条、线条油漆（编码：011403）

1．清单项目设置

清单项目中，木扶手及其他板条、线条油漆包含木扶手油漆（011403001），窗帘盒油漆（011403002），封檐板、顺水板油漆（011403003），挂衣板、黑板框油漆（011403004），挂镜线、窗帘棍、单独木线条油漆（011403005）5个分项，项目设置见表3.103。

表 3.103　木扶手及其他板条、线条油漆（编码：011403）

项目编码	项目名称	项目特征	计量单位	工程量计算规则	工程内容
011403001	木扶手油漆	1．断面尺寸 2．腻子种类 3．刮腻子遍数 4．防护材料种类 5．油漆品种、刷漆遍数	m	按设计图示尺寸以长度计算	1．基层清理 2．刮腻子 3．刷防护材料、油漆
011403002	窗帘盒油漆				
011403003	封檐板、顺水板油漆				
011403004	挂衣板、黑板框油漆				
011403005	挂镜线、窗帘棍、单独木线条油漆				

注：木扶手应区分带托板与不带托板，分别编码列项，若是木栏杆代扶手，木扶手不应单独列项，应包含在木栏杆油漆中。

2．清单工程量计算规则解释

楼梯栏杆上的木扶手油漆踏步部分按斜长计算，平直段直接相加，梯井宽度要计算。

（四）木材面油漆（编码：011404）

1．清单项目设置

清单项目中，木材面油漆包含木护墙、木墙裙油漆（011404001），窗台板、筒子板、盖板、门窗套、踢脚线油漆（011404002），清水板条天棚、檐口油漆（011404003），木方格吊顶天棚油漆（011404004），吸音板墙面、天棚面油漆（011404005），暖气罩油漆（011404006），其他木材面油漆（011404007），木间壁、木隔断油漆（011404008），玻璃间壁露明墙筋油漆（011404009），木栅栏、木栏杆（带扶手）油漆（011404010），衣柜、壁柜油漆（011404011），梁柱饰面油漆（011404012），零星木装修油漆（011404013），木地板油漆（011404014），木地板烫硬蜡面（011404015）共15个分项，项目设置见表3.104。

表 3.104　木材面油漆表（编码：011404）

项目编码	项目名称	项目特征	计量单位	工程量计算规则	工程内容
011404001	木护墙、木墙裙油漆	1. 腻子种类 2. 刮腻子要求 3. 防护材料种类 4. 油漆品种、刷漆遍数	m²	按设计图示尺寸以面积计算	1. 基层清理 2. 刮腻子 3. 刷防护材料、油漆
011404002	窗台板、筒子板、盖板、门窗套、踢脚线油漆				
011404003	清水板条天棚、檐口油漆				
011404004	木方格吊顶天棚油漆				
011404005	吸声板墙面、天棚面油漆				
011404006	暖气罩油漆				
011404007	其他木材面油漆				
011404008	木间壁、木隔断油漆			按设计图示尺寸以单面外围面积计算	
011404009	玻璃间壁露明墙筋油漆				
011404010	木栅栏、木栏杆（带扶手）油漆				
011404011	衣柜、壁柜油漆			按设计图示尺寸以油漆部分展开面积计算	
011404012	梁柱饰面油漆				
011404013	零星木装修油漆				
011404014	木地板油漆				
011404015	木地板烫硬蜡面	1. 硬蜡品种 2. 面层处理要求		按设计图示尺寸以面积计算。空洞、空圈、暖气包槽、壁龛的开口部分并入相应的工程量内	1. 基层清理 2. 烫蜡

2. 清单工程量计算规则解释

木材面油漆工程量＝设计图示面积（或展开面积）。纸面石膏板面油漆按抹灰面油漆项目执行。

（五）金属面油漆（编码：011405）

1. 清单项目设置

清单项目中，金属面油漆只有金属面油漆（011405001）1个分项，项目设置见表3.105。

表 3.105　金属面油漆（编码：011405）

项目编码	项目名称	项目特征	计量单位	工程量计算规则	工程内容
011405001	金属面油漆	1. 构件名称 2. 腻子种类 3. 刮腻子要求 4. 防护材料种类 5. 油漆品种、刷漆遍数	1. t 2. m²	1. 按设计图示尺寸以质量计算 2. 按设计展开面积以平方米计算	1. 基层清理 2. 刮腻子 3. 刷防护材料、油漆

2．清单工程量计算规则解释

金属面油漆按质量计算时，先根据图示尺寸按长度或面积计算，然后乘以相应理论质量得到工程量。

（六）抹灰面油漆（编码：011406）

1．清单项目设置

清单项目中，抹灰面油漆包含抹灰面油漆（011406001）、抹灰线条油漆（011406002）、满刮腻子（011406003）3个分项，项目设置见表3.106。

表3.106　抹灰面油漆表（编码：011406）

项目编码	项目名称	项目特征	计量单位	工程量计算规则	工程内容
011406001	抹灰面油漆	1．基层类型 2．腻子种类 3．刮腻子遍数 4．防护材料种类 5．油漆品种、刷漆遍数 6．部位	m^2	按设计图示尺寸以面积计算	1．基层清理 2．刮腻子 3．刷防护材料、油漆
011406002	抹灰线条油漆	1．线条宽度、道数 2．腻子种类 3．刮腻子遍数 4．防护材料种类 5．油漆品种、刷漆遍数	m	按设计图示尺寸以长度计算	
011406003	满刮腻子	1．基层类型 2．腻子种类 3．刮腻子遍数	m^2	按设计图示尺寸以面积计算	1．基层清理 2．刮腻子

2．清单工程量计算规则解释

不同部位的抹灰面油漆分别列项，均以展开面积计算，门窗洞口侧壁要计算。

（七）喷刷涂料（编码：011407）

1．清单项目设置

清单项目中，喷刷涂料包含墙面喷刷涂料（011407001），天棚喷刷涂料（011407002），空花格、栏杆刷涂料（011407003），线条刷涂料（011407004），金属构件刷防火涂料（011407005），木材构件刷防火涂料（011407006）共6个分项，项目设置见表3.107。

表 3.107　喷刷涂料（编码：011407）

项目编码	项目名称	项目特征	计量单位	工程量计算规则	工程内容
011407001	墙面喷刷涂料	1. 基层类型 2. 喷刷涂料部位 3. 腻子种类 4. 刮腻子要求 5. 涂料品种、刷喷遍数	m²	按设计图示尺寸以面积计算	1. 基层清理 2. 刮腻子 3. 刷、喷涂料
011407002	天棚喷刷涂料				
011407003	空花格、栏杆刷涂料	1. 腻子种类 2. 刮腻子遍数 3. 涂料品种、刷喷遍数		按设计图示尺寸以外围面积计算	
011407004	线条刷涂料	1. 基层清理 2. 线条宽度 3. 刮腻子遍数 4. 刷防护材料、油漆	m	按设计图示尺寸以长度计算	
011407005	金属构件刷防火涂料	1. 喷刷防火涂料构件名称	1. m² 2. t	按设计图示尺寸以面积计算	1. 基层清理 2. 刷防护材料、油漆
011407006	木材构件刷防火涂料	2. 防火等级要求 3. 涂料品种、刷喷遍数	m²	按设计图示尺寸以面积计算	1. 基层清理 2. 刷防火涂料

注：喷刷墙面涂料部位要注明内墙或外墙。

2．清单工程量计算规则解释

不同部位喷刷涂料以展开面积计算，附墙柱侧边展开合并到墙面，带梁天棚梁侧展开合并到天棚。

（八）裱糊（编码：011408）

1．清单项目设置

清单项目中，裱糊包含墙纸裱糊（011408001）、织锦缎裱糊（011408002）2个分项，项目设置见表 3.108。

表 3.108　裱糊（编码：011408）

项目编码	项目名称	项目特征	计量单位	工程量计算规则	工程内容
011408001	墙纸裱糊	1. 基层类型 2. 裱糊部位 3. 腻子种类 4. 刮腻子遍数 5. 黏结材料种类 6. 防护材料种类 7. 面层材料品种、规格、颜色	m²	按设计图示尺寸以面积计算	1. 基层清理 2. 刮腻子 3. 面层铺粘 4. 刷防护材料
011408002	织锦缎裱糊				

2．清单工程量计算规则解释

墙纸裱糊，织锦缎裱糊按实铺面积计算，踢脚线高度要扣除。

三、油漆、涂料工程清单计价

依据《湖北省房屋建筑与装饰工程消耗量定额及全费用基价表》（2018）第十三章油漆、涂料工程的规定，计价工程量计算要求如下。

（一）油漆、涂料工程计价工程量计算相关说明

1）所有油漆工程的工程量依据施工图计算完工程量之后，一定要查取工程量系数表，乘以相应系数之后再套定额。

2）当设计与定额取定的喷、涂、刷油，刮腻子遍数不同时，可按每增加一遍项目进行调整。颜色不同时，不另行调整。

3）附着安装在同材质装饰面上的木线条、石膏线条等油漆、涂料，与装饰面同色者，并入装饰面计算；与装饰面分色者，单独计算。

4）门窗套、窗台板、腰线、压顶、扶手（栏板上扶手）等抹灰面刷油漆、涂料，与整体墙面同色者，并入墙面计算；与整体墙面分色者，单独计算，按墙面相应项目执行，其中人工乘以系数 1.43。

5）附墙柱抹灰面喷刷油漆、涂料、裱糊，按墙面相应项目执行；独立柱抹灰面喷刷油漆、涂料、裱糊，按墙面相应项目执行，其中人工乘以系数 1.2。

6）当设计要求金属面刷两遍防锈漆时，按金属面刷防锈漆一遍项目执行，其中人工乘以系数 1.74，材料均乘以系数 1.90。

7）定额中木龙骨刷防火涂料按四面涂刷考虑消耗量，木龙骨刷防腐涂料按一面（接触结构基层面）涂刷考虑消耗量。龙骨的防火涂料，地面按地板工程量计算；墙面按面层的正立面投影面积计算；天棚按水平投影面积计算；都可以简单理解为同龙骨工程量。

（二）油漆、涂料工程计价工程量计算规则

1．木门油漆工程

执行单层木门油漆的项目，其工程量计算规则及相应系数见表 3.109。

表 3.109　工程量计算规则和系数表

	项目	系数	工程量计算规则（设计图示尺寸）
1	单层木门	1.00	
2	单层半玻门	0.85	按门洞口面积计算
3	单层全玻门	0.75	
4	半截百叶门	1.50	

	项目	系数	工程量计算规则（设计图示尺寸）
5	全百叶门	1.70	
6	厂库房大门	1.10	按门洞口面积计算
7	纱门扇	0.80	
8	特种门（包括冷藏门）	1.00	
9	装饰门扇	0.90	按扇外围尺寸面积计算
10	间壁、隔断	1.00	
11	玻璃间壁露明墙筋	0.80	按单面外围面积计算
12	木栅栏、木栏杆（带扶手）	0.90	

2．木扶手及其他板条、线条油漆工程

执行木扶手（不带托板）油漆的项目，其工程量计算规则及相应系数见表3.110。

表3.110　工程量计算规则和系数表

	项目	系数	工程量计算规则（设计图示尺寸）
1	木扶手（不带托板）	1.00	
2	木扶手（带托板）	2.50	按延长米计算
3	封檐板、博风板	1.70	
4	黑板框、生活园地框	0.50	

3．其他木材面油漆工程

1）执行其他木材面油漆的项目，其工程量计算规则及相应系数见表3.111。

表3.111　工程量计算规则和系数表

	项目	系数	工程量计算规则（设计图示尺寸）
1	木板、胶合板天棚	1.00	按面积计算（长×宽）
2	屋面板带檩条	1.10	按面积计算（斜长×宽）
3	清水板条檐口天棚	1.10	
4	吸声板（墙面或天棚）	0.87	
5	鱼鳞板墙	2.40	按面积计算（长×宽）
6	木护墙、木墙裙、木踢脚	0.83	
7	窗台板、窗帘盒	0.83	
8	出入口盖板、检查口	0.87	

续表

	项目	系数	工程量计算规则（设计图示尺寸）
9	壁橱	0.83	以展开面积计算
10	木屋架	1.77	按面积计算［跨度（长）×中高 ×1/2］
11	以上未包括的其余木材面油漆	0.83	以展开面积计算

2）木地板油漆按设计图示尺寸以面积计算，空洞、空圈、暖气包槽、壁龛的开口部分并入相应的工程量内。

3）木龙骨刷防火、防腐涂料按设计图示尺寸以龙骨架投影面积计算。

4）基层板刷防火、防腐涂料按实际涂刷面积计算。

5）油漆面抛光打蜡按相应刷油部位油漆工程量计算规则计算。

4．金属面油漆工程

1）执行金属面油漆、涂料项目，其工程量按设计图示尺寸以展开面积计算。质量在 500kg 以内的单个金属构件，可参考表 3.112 中相应的系数，将质量（t）折算为面积。

表 3.112　质量折算面积参考系数表　　　　　　　　单位：m²/t

	项目	系数
1	钢栅栏门、栏杆、窗栅	64.98
2	钢爬梯	44.84
3	踏步式钢扶梯	39.90
4	轻型屋架	53.20
5	零星铁件	58.00

2）执行金属平板屋面、镀锌铁皮面（涂刷磷化、锌黄底漆）油漆的项目，其工程量计算规则及相应的系数见表 3.113。

表 3.113　工程量计算规则和系数表

	项目	系数	工程量计算规则（设计图示尺寸）
1	平板屋面	1.00	以面积计算（斜长×宽）
2	瓦垄板屋面	1.20	
3	排水、伸缩缝盖板	1.05	按展开面积计算
4	吸气罩	2.20	按水平投影面积计算
5	包镀锌薄钢板门	2.20	按门窗洞口面积计算

注：多面涂刷按单面计算工程量。

5.抹灰面油漆、涂料工程

1）抹灰面油漆、涂料（另做说明的除外）按设计图示尺寸以面积计算。

2）踢脚线刷耐磨漆按设计图示尺寸长度计算。

3）槽型底板、混凝土折瓦板、有梁板底、密肋梁板底、井字梁板底刷油漆、涂料按设计图示尺寸以展开面积计算。

4）墙面及天棚面刷石灰油浆、白水泥、石灰浆、石灰大白浆、普通水泥浆、可赛银浆、大白浆等涂料工程量按抹灰面积工程量计算规则计算。

5）混凝土花格窗、栏杆花饰刷（喷）油漆、涂料按设计图示洞口面积计算。

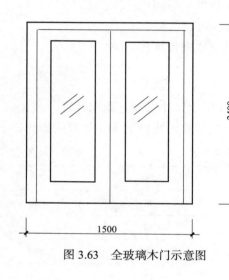

图 3.63　全玻璃木门示意图

6）天棚、墙、柱面基层板缝黏胶带纸按相应天棚、墙、柱面基层板面积计算。

6.裱糊工程

墙面、天棚面裱糊按设计图示尺寸以面积计算。

（三）案例

【例 3.32】某单层全玻璃木门如图 3.63 所示，洞口尺寸：1500mm×2400mm，具体做法为刮腻子、底油 1 遍，调和漆 2 遍，按描述计算清单工程量，并根据《湖北省房屋建筑与装饰工程消耗量定额及全费用基价表》（2018）计算相应的计价工程量。

分析

清单工程量：门油漆清单工程量按设计洞口尺寸以面积计算。

计价工程量：单层全玻门按单面洞口面积乘以系数0.75，玻璃面积不扣除。玻璃面积超过门扇面积50%，即为全玻门。

解：根据工程量计算规则，工程量计算见表 3.114，综合单价分析见表 3.115。

表 3.114　工程量计算表

序号	项目编码	项目名称	计量单位	数量	工程量计算式
1	011401001001	木门油漆	m²	3.6	S：1.5×2.4=3.6（m²）
	A13-1	单层木门调和漆	m²	2.7	3.6×0.75=2.7（m²）

表 3.115　综合单价分析表

工程名称：例 3.32　　　　　　　　　　　　　　　　　　　　　　　　　　第 1 页　共 1 页

| 序号 | 项目编码 | 项目名称 | 单位 | 数量 | 综合单价／元 | | | | | |
					人工费	材料费	机械使用费	管理费	利润	小计
1	011401001001	木门油漆	m²	3.6	12.3	6.15	0	1.74	1.8	21.99
	A13-1	单层木门 刷底油调和漆两遍	100m²	0.027	1639.92	820.27	0	232.7	240.08	2932.97

【例 3.33】某房屋内墙尺寸如图 3.64 所示。工程做法：胶合板木墙裙上润油粉，刷过氯乙烯漆 5 遍，内墙面、顶棚满刮腻子 2 遍，刷乳胶漆 2 遍（光面）。按图示尺寸计算工程量清单，并根据《湖北省房屋建筑与装饰工程消耗量定额及全费用基价表》（2018）计算相应的计价工程量。

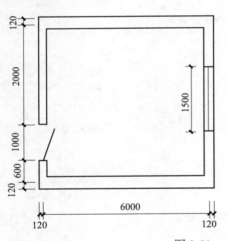
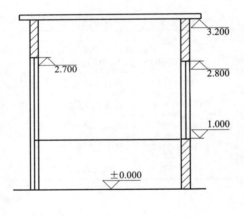

图 3.64　内墙尺寸示意图

分析

清单工程量：木墙裙油漆、墙面乳胶漆按设计尺寸以面积计算，门窗洞口面积要扣除，门窗洞口侧壁要增加，门洞口侧边宽度即墙厚，窗洞口侧边宽度按墙体厚度扣除窗框料宽之后，内外两侧平分。天棚油漆按室内投影面积计算。

计价工程量：木墙裙油漆按清单工程量乘以系数0.83；墙面、天棚乳胶漆计价工程量计算规则与清单规则一致，计价工程量同清单工程量。

解： 根据工程量计算规则，清单工程量与计价工程量计算见表3.116、表3.117，综合单价分析见表3.118。

表3.116　清单工程量计算表

序号	项目编码	项目名称	计量单位	数量	工程量计算式
1	011404001001	木墙裙油漆	m²	17.72	初算工程量：（6-0.24+3.6-0.24）×2×1=18.24（m²） 扣除门下部：1×1=1（m²） 增加门窗洞口侧壁：（1+1）×0.24=0.48（m²） 最终工程量：18.24-1+0.48=17.72（m²）
2	011406001001	抹灰面乳胶漆	m²	37.38	初算工程量：（5.76+3.36）×2×2.2=40.13（m²） 扣门窗洞口：1×1.7+1.5×1.8=4.4（m²） 增加门窗洞口侧壁：（1.7×2+1）×0.24+（1.5+1.8）×2×0.09=1.65（m²） 最终工程量：40.13-4.4+1.65=37.38（m²）
3	011406001002	抹灰面乳胶漆	m²	19.35	5.76×3.36=19.35（m²）

表3.117　计价工程量计算表

序号	项目编码	项目名称	计量单位	数量	工程量计算式
1	011404001001	木墙裙油漆	m²	17.72	
	A13-113	木材面油过氯乙烯漆5遍	m²	14.71	17.72×0.83=14.71
2	011406001001	抹灰面乳胶漆	m²	37.38	
	A13-199	内墙面乳胶漆2遍	m²	37.38	同清单量
3	011406001002	抹灰面乳胶漆	m²	19.35	
	A13-200	天棚面乳胶漆2遍	m²	19.35	同清单量

表3.118　综合单价分析表

工程名称：例3.33　　　　　　　　　　　　　　　　　　　　　　　第1页　共1页

序号	项目编码	项目名称	单位	数量	综合单价/元					
					人工费	材料费	机械使用费	管理费	利润	小计
1	011404001001	木护墙、木墙裙油漆	m²	17.72	20.37	19.42	0	2.89	2.98	45.66
	A13-113	其他木材面 过氯乙烯漆 五遍成活	100m²	0.1471	2453.48	2338.93	0	348.15	359.19	5499.75
2	011406001001	抹灰面油漆	m²	37.38	10.81	5.46	0	1.53	1.58	19.38
	A13-199	乳胶漆 室内 墙面两遍	100m²	0.3738	1080.83	546.06	0	153.37	158.23	1938.49
3	011406001002	抹灰面油漆	m²	19.35	13.51	5.46	0	1.92	1.98	22.87
	A13-200	乳胶漆 室内 天棚面两遍	100m²	0.1935	1351.29	546.06	0	191.75	197.83	2286.93

【例 3.34】某工程内墙面如图 3.65 所示。工程做法：门窗洞口包木门窗套，内墙抹灰面贴对花墙纸；挂镜线宽 20mm，刷底油 1 遍，咖啡色调和漆 2 遍；挂镜线以上墙面及顶棚刷仿瓷涂料 3 遍。按图示计算清单工程量，并根据《湖北省房屋建筑与装饰工程消耗量定额及全费用基价表》（2018）计算相应的计价工程量。

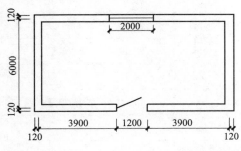 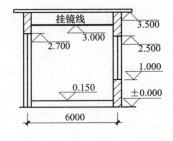

图 3.65 内墙面示意图

　　清单工程量：墙纸裱糊按设计尺寸以面积计算，门窗洞口面积要扣除，门窗洞口包木门窗套，侧壁不增加；挂镜线油漆按延长米计算；内墙面喷刷涂料按内墙净周长乘以高度以面积计算；天棚刷涂料按室内投影面积计算。

　　计价工程量：墙面墙纸、墙面喷刷涂料、天棚喷刷涂料计价工程量计算规则与清单工程量计算规则一致，计价工程量同清单工程量；挂镜线油漆 A13-26 子目是按线条宽度 50mm 以内列项，不需要再乘以工程量系数。

　　解：根据工程量计算规则，清单工程量、计价工程量计算见表 3.119、表 3.120，综合单价分析见表 3.121。

表 3.119 清单工程量计算表

序号	项目编码	项目名称	计量单位	数量	工程量计算式
1	011408001001	墙纸裱糊	m²	76.70	（5.76+8.76）×2×2.85−1.2×2.55−1.5×2=76.70（m²）
2	011403005001	挂镜线油漆	m	29.04	（9.00−0.24+6.00−0.24）×2=29.04（m）
3	011407001001	墙面喷刷涂料	m²	14.52	（9.0−0.24+6.0−0.24）×2×（3.5−3.0）=14.52（m²）
4	011407002001	天棚喷刷涂料	m²	50.46	（9.0−0.24）×（6.0−0.24）=50.46（m²）

表 3.120　计价工程量计算表

序号	项目编码	项目名称	计量单位	数量	工程量计算式
1	011408001001	墙纸裱糊	m²	76.70	
	A13-257	墙面对花墙纸	m²	76.70	同清单量
2	011403005001	挂镜线油漆	m	29.04	
	A13-26	木线条油漆	m	29.04	同清单量
3	011407001001	墙面喷刷涂料	m²	14.52	
	A13-217	墙面仿瓷涂料	m²	14.52	同清单量
4	011407002001	天棚喷刷涂料	m²	50.46	
	A13-218	天棚仿瓷涂料	m²	50.46	同清单量

表 3.121　综合单价分析表

工程名称：例 3.34　　　　　　　　　　　　　　　　　　　　　　第 1 页　共 1 页

序号	项目编码	项目名称	单位	数量	综合单价 / 元					
					人工费	材料费	机械使用费	管理费	利润	小计
1	011408001001	墙纸裱糊	m²	76.7	9.14	29.39	0	1.3	1.34	41.17
	A13-257	墙面 普通壁纸 对花	100m²	0.767	913.57	2938.6	0	129.64	133.75	4115.58
2	011403005001	挂镜线、窗帘棍、单独木线油漆	m	29.04	1.97	0.38	0	0.28	0.29	2.92
	A13-26	木线条（宽度）≤50mm 刷底油、调和漆 2 遍	100m	0.2904	197.17	37.59	0	27.98	28.87	291.61
3	011407001001	墙面喷刷漆料	m²	14.52	11.22	29.7	0	1.59	1.64	44.15
	A13-217	仿瓷涂料 墙面 3 遍	100m²	0.1452	1122.2	2969.8	0	159.24	164.29	4415.57
4	011407002001	天棚喷刷涂料	m²	50.46	14.03	29.7	0	1.99	2.05	47.77
	A13-218	仿瓷涂料 天棚面 3 遍	100m²	0.5046	1402.86	2969.8	0	199.07	205.38	4777.15

【例 3.35】某咖啡厅外墙面局部使用混凝土花格窗，如图 3.66 所示，花格窗刷外墙乳胶漆 2 遍。按图示计算清单工程量，并根据《湖北省房屋建筑与装饰工程消耗量定额及全费用基价表》（2018）计算相应的计价工程量。

解：清单编码：011407003001

项目名称：空花格刷涂料

清单工程量：2.4×1.8=4.32（m²）

计价工程量：A13–204 同清单工程量 4.32m²

【例 3.36】某学生宿舍一楼设防盗高窗，栅栏 40 樘，尺寸如图 3.67 所示，四周外框及横档为 30×30×3 角钢，中间栏杆为 ϕ8 钢筋，金属面刷银粉漆 2 遍，按描述和图示尺寸计算清单工程量，并根据《湖北省房屋建筑与装饰工程消耗量定额及全费用基价表》（2018）计算相应的计价工程量。

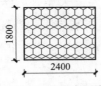

图 3.66 空花格窗示意图

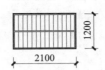

图 3.67 防盗窗格栅示意图

清单工程量：金属面油漆清单工程量计算规则有按涂刷表面积计算或者质量计算两种方式，此处金属面有角钢、钢筋两种材料，选择按质量计算比较合适，分别根据图示尺寸计算角钢和钢筋的长度，再乘以相应理论质量，汇总质量总和。30×30×3 角钢理论质量为1.373kg/m，ϕ8钢筋理论质量为0.395kg/m。

计价工程量：金属面银粉漆套定额A13–176，工程量按设计图示尺寸以展开面积计算，质量在500kg以内的单个金属构件，可按重量乘以系数64.98，将质量（t）折算为面积。

解：根据工程量计算规则，工程量计算见表 3.122，综合单价分析见表 3.123。

表 3.122 工程量计算表

序号	项目编码	项目名称	项目特征	计量单位	数量	工程量计算式
1	011405001001	金属面油漆	金属防盗窗格栅刷银粉漆 2 遍	t	0.724	角钢：2.1×3+1.2×2=8.7（m） 钢筋：1.2×13=15.6（m） 总质量：（8.7×1.373+15.6×0.395）×40=724.28（kg）
	A13–176	金属面 银粉漆 2 遍		m²	47.06	0.724×64.98=47.05（m²）

表 3.123　综合单价分析表

工程名称：例 3.36

序号	项目编码	工程项目名称	单位	数量	综合单价 / 元					
					人工费	材料费	机械使用费	管理费	利润	小计
1	011405001001	金属面油漆	t	0.723	278.19	159.9	0	39.47	40.73	518.29
	A13-176	金属面 银粉漆 2 遍	100m²	0.4706	427.39	245.67	0	60.65	62.57	796.28

【例 3.37】某办公室墙饰面木龙骨如图 3.68 所示，木龙骨刷防火涂料 2 遍，按描述和图示计算清单工程量，并根据《湖北省房屋建筑与装饰工程消耗量定额及全费用基价表》（2018）计算相应的计价工程量。

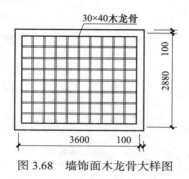

图 3.68　墙饰面木龙骨大样图

木龙骨防火涂料按设计图示尺寸以骨架投影面积计算，龙骨间距之间的空格不扣除，不是按涂刷表面积计算。计价工程量计算规则与清单规则一致，计价工程量同清单工程量。

解：根据工程量计算规则，工程量计算见表 3.124，综合单价分析见表 3.125。

表 3.124　工程量计算表

序号	项目编码	项目名称	计量单位	数量	工程量计算式
1	011407006001	木构件 刷防火涂料	m²	9.11	2.68×3.4=9.11（m²）
	A13-123	双向木龙骨 刷防火涂料 2 遍	m²	9.11	同清单量

表 3.125　综合单价分析表

工程名称：例 3.37

序号	项目编码	项目名称	单位	数量	综合单价 / 元					
					人工费	材料费	机械使用费	管理费	利润	小计
1	011407006001	木材构件 喷刷防火涂料	m²	9.11	10.09	6.28	0	1.43	1.48	19.28
	A13-123	双向木龙骨 刷防火涂料 2 遍	100m²	0.0911	1009.25	628.48	0	143.21	147.75	1928.69

本节学习提示

　　油漆工程按设计图纸及计算规则计算完工程量之后一定要查看工程量系数表，乘以相应工程量系数之后才能套定额。

第七节 其他装饰工程

▌学习目标

1. 掌握其他装饰工程分部分项工程量清单编制。
2. 掌握其他装饰工程清单工程量计算规则的相关规定。
3. 掌握其他装饰工程计价工程量计算规则的相关规定。
4. 掌握其他装饰工程清单工程综合单价的形成过程。

▌能力要求

1. 能够根据施工图对其他装饰工程分项工程进行描述。
2. 能够运用清单工程量计算规则对施工图编制招标清单。
3. 能够运用计价工程量计算规则对分项工程进行综合单价分析。

一、其他装饰工程概况

其他装饰工程是指与装饰工程相关的柜类、货架，线条，栏杆、扶手，灯箱、招牌及卫生间厕浴配件等零星装饰项目，由于其他装饰工程项目种类繁多，在计算其工程量时没有明显的规律特征，所以计量单位一般以计算的简便性为参考，如线条按长度、厕浴配件按套计量。

（一）其他装饰工程的项目设置

其他装饰工程共有 8 节 62 个分项，包含柜类、货架，暖气罩，浴厕配件，压条、装饰线，雨篷、旗杆，招牌、灯箱，美术字等项目。其项目设置见表 3.126。

表 3.126　其他装饰工程清单设置明细

序号	清单名称	分项数量
01	柜类、货架	20
02	压条、装饰线	8
03	扶手、栏杆、栏板装饰	8
04	暖气罩	3
05	浴厕配件	11
06	雨篷、旗杆	3
07	招牌、灯箱	4
08	美术字	5
合计		62

（二）其他装饰工程的项目设置时要注意的事项

1）压条、装饰线等项目包括在门扇、墙柱面、天棚的相应项目中，不单独列项。

2）美术字不分字体，按大小规格分类。

3）嵌入墙内为壁柜，以支架固定在墙上为吊柜。

二、其他装饰工程清单编制

（一）柜类、货架（编码：011501）

清单项目中，柜类、货架包含柜台（011501001）、酒柜（011501002）、衣柜（011501003）、存包柜（011501004）、鞋柜（011501005）、书柜（011501006）、厨房壁柜（011501007）、木壁柜（011501008）、厨房低柜（011501009）、厨房吊柜（011501010）、矮柜（011501011）、吧台背柜（011501012）、酒吧吊柜（011501013）、酒吧台（011501014）、展台（011501015）、收银台（011501016）、试衣间（011501017）、货架（011501018）、书架（011501019）、服务台（011501020）等20个分项，项目设置见表3.127。

表3.127　柜类、货架（编码：011501）

项目编码	项目名称	项目特征	计量单位	工程量计算规则	工程内容
011501001	柜台	1.台柜规格 2.材料种类、规格 3.五金种类、规格 4.防护材料种类 5.油漆品种、刷漆遍数	1.个 2.m 3.m³	1.以个计量，按设计图示数量计算 2.以米计量，按设计图示尺寸以延长米计算 3.以立方米计量，按设计图示尺寸以体积计算	1.台柜制作、运输、安装（安放） 2.刷防护材料、油漆 3.五金件安装
011501002	酒柜				
011501003	衣柜				
011501004	存包柜				
011501005	鞋柜				
011501006	书柜				
011501007	厨房壁柜				
011501008	木壁柜				
011501009	厨房低柜				
011501010	房吊吊厨				
011501011	矮柜				
011501012	吧台背柜				
011501013	酒吧吊柜				
011501014	酒吧台				
011501015	展台				
011501016	收银台				
011501017	试衣间				
011501018	货架				
011501019	书架				
011501020	服务台				

（二）压条、装饰线（编码：011502）

清单项目中，压条装饰线包含金属装饰线（011502001）、木质装饰线（011502002）、石材装饰线（011502003）、石膏装饰线（011502004）、镜面玻璃线（011502005）、铝塑装饰线（011502006）、塑料装饰线（011502007）、GRC装饰线条（011502008）8个分项，项目设置见表3.128。

表3.128 压条、装饰线（编码：011502）

项目编码	项目名称	项目特征	计量单位	工程量计算规则	工程内容
011502001	金属装饰线	1. 基层类型 2. 线条材料品种、规格、颜色 3. 防护材料种类	m	按设计图示尺寸以长度计算	1. 线条制作、安装 2. 刷防护材料
011502002	木质装饰线				
011502003	石材装饰线				
011502004	石膏装饰线				
011502005	镜面玻璃线				
011502006	铝塑装饰线				
011502007	塑料装饰线				
011502008	GRC装饰线条	1. 基层类型 2. 线条规格 3. 线条安装部位 4. 填充材料种类			线条制作安装

（三）扶手、栏杆、栏板装饰（编码：011503）

1. 清单项目设置

清单项目中，扶手、栏杆、栏板装饰分项包含金属扶手、栏杆、栏板（011503001），硬木扶手、栏杆、栏板（011503002），塑料扶手、栏杆、栏板（011503003），GRC栏杆、扶手（011503004），金属靠墙扶手（011503005），硬木靠墙扶手（011503006），塑料靠墙扶手（011503007），玻璃栏板（011503008）8个分项，其项目设置要求见表3.129。

表3.129 扶手、栏杆、栏板装饰（编码：011503）

项目编码	项目名称	项目特征	计量单位	工程量计算规则	工程内容
011503001	金属扶手、栏杆、栏板	1. 扶手材料种类、规格 2. 栏杆材料种类、规格 3. 栏板材料的品种、规格、颜色 4. 固定配件的种类 5. 防护材料的种类	m	按设计图示尺寸以扶手中心线长度（包括弯头长度）计算	1. 制作 2. 运输 3. 安装 4. 刷防护材料
011503002	硬木扶手、栏杆、栏板				
011503003	塑料扶手、栏杆、栏板				

续表

项目编码	项目名称	项目特征	计量单位	工程量计算规则	工程内容
011503004	GRC 栏杆、扶手	1. 栏杆的规格 2. 安装间距 3. 扶手类型规格 4. 填充材料的种类	m	按设计图示尺寸以扶手中心线长度（包括弯头长度）计算	1. 制作 2. 运输 3. 安装 4. 刷防护材料
011503005	金属靠墙扶手	1. 扶手材料种类、规格 2. 固定配件的种类 3. 防护材料的种类			
011503006	硬木靠墙扶手				
011503007	塑料靠墙扶手				
011503008	玻璃栏板	1. 玻璃栏杆的种类、规格、颜色 2. 固定方式 3. 固定配件的种类			

2. 清单工程量计算规则解释

按设计图示尺寸以扶手中心线长度（包括弯头长度）计算，梯段部分按斜长计算，平直段弯头、梯井长度、顶层的安全护栏长度要并入，底层的安全护栏容易漏算。

该规则适用于楼梯、阳台、走廊、回廊及其他装饰性扶手、栏杆、栏板。

（四）暖气罩（编码：011504）

清单项目中，暖气罩包含饰面板暖气罩（011504001）、塑料板暖气罩（011504002）、金属暖气罩（011504003）3 个分项，项目设置见表 3.130。

表 3.130　暖气罩（编码：011504）

项目编码	项目名称	项目特征	计量单位	工程量计算规则	工程内容
011504001	饰面板暖气罩	1. 暖气罩材质 2. 防护材料种类	m²	按设计图示尺寸以垂直投影面积（不展开）计算	1. 暖气罩制作、运输、安装 2. 刷防护材料
011504002	塑料板暖气罩				
011504003	金属暖气罩				

（五）浴厕配件（编码：011505）

清单项目中，浴厕项目包含洗漱台（011505001）、晒衣架（011505002）、帘子杆（011505003）、浴缸拉手（011505004）、卫生间扶手（011505005）、毛巾杆（架）（011505006）、毛巾环（011505007）、卫生纸盒（011505008）、肥皂盒（011505009）、镜面玻璃（011505010）、镜箱（011505011）11 个分项，项目设置见表 3.131。

表 3.131　浴厕配件（编码：011505）

项目编码	项目名称	项目特征	计量单位	工程量计算规则	工程内容
011505001	洗漱台	1. 材料品种、规格 2. 支架、配件品种、规格	1. m² 2. 个	1. 按设计图示尺寸以台面外接矩形面积计算。不扣除孔洞、挖弯、削角所占面积，挡板、吊沿板面积并入台面面积内 2. 按设计图示数量计算	1. 台面及支架运输、安装 2. 杆、环、盒、配件安装 3. 刷油漆
011505002	晒衣架		个		
011505003	帘子杆				
011505004	浴缸拉手			按设计图示数量计算	
011505005	卫生间扶手				
011505006	毛巾杆		套		
011505007	毛巾环		副		
011505008	卫生纸盒		个		
011505009	肥皂盒				
011505010	镜面玻璃	1. 镜面玻璃品种、规格 2. 框材质、断面尺寸 3. 基层材料种类 4. 防护材料种类	m²	按设计图示尺寸以边框外围面积计算	1. 基层安装 2. 玻璃及框制作、运输、安装
011505011	镜箱	1. 箱体材质、规格 2. 玻璃品种、规格 3. 基层材料种类 4. 防护材料种类 5. 油漆品种、刷漆遍数	个	按设计图示数量计算	1. 基层安装 2. 箱体制作、运输、安装 3. 玻璃安装 4. 刷防护材料、油漆

（六）雨篷、旗杆（编码：011506）

清单项目中，雨篷、旗杆包含雨篷吊挂饰面（011506001）、金属旗杆（011506002）、玻璃雨篷（011506003）3 个分项，项目设置见表 3.132。

表 3.132 雨篷、旗杆（编码：011506）

项目编码	项目名称	项目特征	计量单位	工程量计算规则	工程内容
011506001	雨篷吊挂饰面	1. 基层类型 2. 龙骨材料种类、规格、中距 3. 面层材料品种、规格 4. 吊顶（天棚）材料、品种、规格 5. 嵌缝材料种类 6. 防护材料种类	m²	按设计图示尺寸以水平投影面积计算	1. 底层抹灰 2. 龙骨基层安装 3. 面层安装 4. 刷防护材料、油漆
011506002	金属旗杆	1. 旗杆材料、种类、规格 2. 旗杆高度 3. 基础材料种类 4. 基座材料种类 5. 基座面层材料、种类、规格	根	按设计图示数量计算	1. 土石挖、填、运 2. 基础混凝土浇筑 3. 旗杆制作、安装 4. 旗杆台座制作、饰面
011506003	玻璃雨篷	1. 玻璃雨篷固定方式 2. 龙骨材料种类、规格、中距 3. 玻璃材料品种、规格 4. 嵌缝材料种类 5. 防护材料种类	m²	按设计图示尺寸以水平投影面积计算	1. 龙骨基层安装 2. 面层安装 3. 刷防护材料、油漆

（七）招牌、灯箱（编码：011507）

清单项目中，招牌，灯箱包含平面、箱式招牌（011507001）、竖式标箱（011507002）、灯箱（011507003）、信报箱（011507004）4个分项，项目设置见表3.133。

表 3.133 招牌、灯箱（编码：011507）

项目编码	项目名称	项目特征	计量单位	工程量计算规则	工程内容
011507001	平面、箱式招牌	1. 箱体规格 2. 基层材料种类 3. 面层材料种类 4. 防护材料种类	m²	按设计图示尺寸以正立面边框外围面积计算。复杂形的凸凹造型部分不增加面积	1. 基层安装 2. 箱体及支架制作、运输、安装 3. 面层制作、安装 4. 刷防护材料、油漆
011507002	竖式标箱				
011507003	灯箱				
011507004	信报箱	1. 箱体规格 2. 基层材料种类 3. 面层材料种类 4. 防护材料种类 5. 户数	个	按设计图示数量计算	

（八）美术字（编码：011508）

清单项目中，美术字包含泡沫塑料字（011508001）、有机玻璃字（011508002）、木质字（011508003）、金属字（011508004）、吸塑字（011508005）5个分项，项目设置见表3.134。

表 3.134　美术字（编码：011508）

项目编码	项目名称	项目特征	计量单位	工程量计算规则	工程内容
011508001	泡沫塑料字	1. 基层类型 2. 镌字材料品种、颜色 3. 字体规格 4. 固定方式 5. 油漆品种、刷漆遍数	个	按设计图示数量计算	1. 字制作、运输、安装 2. 刷油漆
011508002	有机玻璃字				
011508003	木质字				
011508004	金属字				
011508005	吸塑字				

三、其他装饰工程清单计价

依据《湖北省房屋建筑与装饰工程消耗量定额及全费用基价表》（2018）第十四章其他装饰工程的规定，计价工程量计算要求如下。

（一）其他装饰工程计价工程量计算相关说明

1. 压条、装饰线

压条、装饰线均按成品安装考虑。装饰线条（顶角装饰线除外）按直线形在墙面安装考虑。墙面安装圆弧形装饰线条，天棚面安装直线形、圆弧形装饰线条，按相应项目乘以系数执行。

1）墙面安装圆弧形装饰线条，人工乘以系数1.2，材料乘以系数1.1。

2）天棚面安装直线形装饰线条，人工乘以系数1.34。

3）天棚面安装圆弧形装饰线条，人工乘以系数1.6，材料乘以系数1.1。

4）装饰线条直接安装在金属龙骨上，人工乘以系数1.68。

2. 扶手、栏杆、栏板装饰

1）扶手、栏杆、栏板项目（护窗栏杆除外）适用于楼梯、走廊、回廊及其他装饰性扶手、栏杆、栏板。

2）扶手、栏杆、栏板项目已综合考虑扶手弯头（非整体弯头）的费用。如遇木扶手、大理石扶手为整体弯头，弯头另按本章相应项目执行。

3）设计栏板、栏杆的主材消耗量与定额不同时，其消耗量可以调整。

4）成品栏杆（带扶手）均按成品安装考虑，不同的材质均按价格调整计算。

3．浴厕配件

大理石洗漱台项目不包括石材磨边、倒角及开面盆洞口，另按本章相应项目执行。

4．雨篷、旗杆

1）点支式、托架式雨篷的型钢、爪件的规格、数量是按常用做法考虑的，当设计要求与定额不同时，材料消耗量可以调整，人工、机械不变。托架式雨篷的斜拉杆费用另计。

2）铝塑板、不锈钢面层雨篷项目按平面雨篷考虑，不包括雨篷侧面。

3）旗杆项目按常用做法考虑，未包括旗杆基础、旗杆台座及其饰面。

5．招牌、灯箱

1）招牌、灯箱项目，当设计与定额考虑的材料品种、规格不同时，材料可以换算。

2）一般招牌和矩形招牌是指正立面平整无凹凸面，复杂招牌和异形招牌是指正立面有凹凸造型，箱（竖）式广告牌是指具有多面体的广告牌。

3）广告牌基层以附墙方式考虑，当设计为独立式的，按相应项目执行，人工乘以系数1.1。

4）招牌、灯箱项目均不包括广告牌喷绘、灯饰、灯光、店徽、其他艺术装饰及配套机械。

6．美术字安装

美术字项目均按成品安装考虑。按最大外接矩形面积区分规格，不区分字体列项。

（二）其他装饰工程计价工程量计算规则

1．柜类、货架

1）柜类、货架工程量按各项目计量单位计算。其中以"m²"为计量单位的项目，其工程量均按正立面的高度（包括脚的高度在内）乘以宽度计算。

2）成品橱柜安装工程量按设计图示尺寸的柜体中线长度以"m"计算；成品台面板安装工程量按设计图示尺寸的板面中线长度以"m"计算；成品洗漱台柜、成品水槽安装工程量按设计图示数量以"组"计算。

2．压条、装饰线

压条、装饰线条按线条中心线长度计算。石膏角花、灯盘按设计图示数量计算。

3．扶手、栏杆、栏板装饰

扶手、栏杆、栏板、成品栏杆（带扶手）均按其中心线长度计算，不扣除弯头长度。如遇木扶手、大理石扶手为整体弯头时，扶手消耗量需扣除整体弯头的长度，设计不明确者，每只整体弯头按 400mm 扣除。单独弯头按设计图示数量计算。

4．暖气罩

暖气罩（包括脚的高度在内）按边框外围尺寸垂直投影面积计算，成品暖气罩安装按设计图示数量计算。

5．浴厕配件

1）大理石洗漱台按设计图示尺寸以展开面积计算，挡板、吊沿板面积并入其中，不扣除孔洞、挖弯、削角所占面积。

2）大理石台面面盆开孔按设计图示数量计算。

3）盥洗室台镜（带框）、盥洗室木镜箱按边框外围面积计算。

4）盥洗室塑料镜箱、毛巾杆、毛巾环、浴帘杆、浴缸拉手、肥皂盒、卫生纸盒、晒衣架、晾衣绳等按设计图示数量计算。

5）镜面玻璃安装以正立面面积计算。

6．雨篷、旗杆

1）雨篷按设计图示尺寸水平投影面积计算。

2）不锈钢旗杆按设计图示数量计算。

3）旗杆的电动升降系统和风动系统按套计算。

7．招牌、灯箱

1）柱面、墙面灯箱基层，按设计图示尺寸以展开面积计算。

2）一般平面广告牌基层，按设计图示尺寸以正立面边框外围面积计算，复杂平面广告基层，按设计图示尺寸以展开面积计算。

3）箱（竖）式广告牌基层，按设计图示尺寸以基层外围体积计算。

4）广告牌钢骨架以"t"计算。

5）广告牌面层，按设计图示尺寸以展开面积计算。

8．美术字

美术字按设计图示数量计算。

9．石材、瓷砖加工

1）石材、瓷砖倒角按块料设计倒角长度计算。

2）石材磨边按成型圆边长度计算。

3）石材开槽按块料成型开槽长度计算。

4）石材、瓷砖开孔按成型孔洞数量计算。

10. 壁画、国画、平面雕塑

壁画、国画、平面雕塑按图示尺寸以面积计算。无边框分界时，以能包容该图形的最小矩形或多边形的面积计算；有边框分界时，按边框间面积计算。

（三）案例

【例 3.38】 某楼梯平面图及剖面图如图 3.69 所示，扶手为 $\phi 63.5 \times 2$ 不锈钢扶手，栏杆为不锈钢栏杆。试根据描述及图示计算该扶手、栏杆、栏板的清单工程量，并根据《湖北省房屋建筑与装饰工程消耗量定额及全费用基价表》（2018）计算相应的计价工程量。

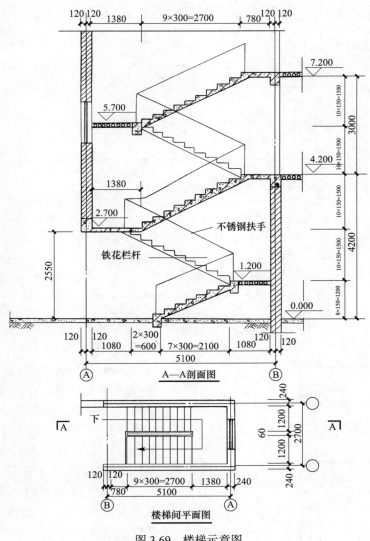

图 3.69 楼梯示意图

建筑装饰工程计量与计价

 分析

清单工程量：金属扶手栏杆按设计图示尺寸以扶手中心线长度（包括弯头长度）计算，梯段部分按斜长计算，平直段弯头、梯井长度、顶层的安全护栏长度要并入。

计价工程量：计价工程量计算规则与清单规则一致，计价工程量同清单工程量。

解： 根据工程量计算规则，工程量计算见表3.135，综合单价分析见表3.136。

表3.135 工程量计算表

序号	项目编码	项目名称	计量单位	数量	工程量计算式
1	011503001001	金属扶手、栏杆	m	17.56	（7+10×4）×0.3×1.118 + 0.3 + 0.06×5 +1.2=17.56（m）
	A14-108	不锈钢栏杆	m	17.56	同清单量

表3.136 综合单价分析表

工程名称：例3.38 第1页 共1页

序号	项目编码	工程项目名称	单位	数量	综合单价/元					
					人工费	材料费	机械使用费	管理费	利润	小计
1	011503001001	金属扶手、栏杆、栏板	m	17.56	86.15	124.28	21.14	15.22	15.71	262.5
	A14-108	不锈钢栏杆 不锈钢扶手	10m	1.756	861.5	1242.8	211.38	152.24	157.07	2624.94

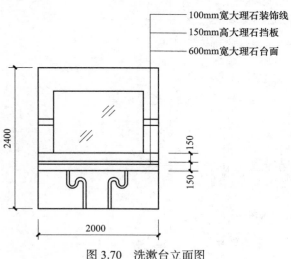

图3.70 洗漱台立面图

【例3.39】某卫生间洗漱台立面图如图3.70所示。工程做法：1500mm×1050mm车边镜，20mm厚孔雀绿大理石台面，正立面台面下方设吊沿，台面上方沿墙设三面挡水板，吊沿、挡水板高度均为150mm。根据描述及图示计算大理石洗漱台、装饰线、镜面玻璃清单工程量，并根据《湖北省房屋建筑与装饰工程消耗量定额及全费用基价表》（2018）计算相应的计价工程量。

本例列洗漱台、石材装饰线、镜面玻璃三个清单。

清单工程量：大理石洗漱台按设计图示尺寸以展开面积计算，挡板、吊沿板面积并入其中，不扣除孔洞、挖弯、削角所占面积。

计价工程量：台面计价工程量计算规则与清单规则一致，计价工程量同清单工程量。

大理石洗漱台定额子目不包括石材磨边、倒角及开面盆洞口，另单独套定额。石材倒角磨边按延长米计算，大理石台面面盆开孔按设计图示数量计算。

解： 根据工程量计算规则，工程量计算见表 3.137，综合单价分析见表 3.138。

表 3.137　工程量计算表

序号	项目编码	项目名称	计量单位	数量	工程量计算式
1	011505001001	洗漱台	m²	1.98	2×0.6+2×0.15+（0.6×2+2）×0.15=1.2+0.15×3.2+2×0.13=1.98（m²）
	A14-154	石材台面	m²	1.98	同清单量
	A14-264	石材倒角	m	3.2	2+0.6+0.6=3.2（m）
	A14-267	石材磨加厚半圆边	m	2	2 m
	A14-155	台面开孔	个	1	1个
2	011502003001	石材装饰线	m	0.5	2-1.5=0.5（m）
	A14-75	石材装饰线	m	0.5	同清单量
3	011505001001	镜面玻璃	m²	1.58	1.5×1.050=1.58（m²）
	A14-157	卫生间镜面玻璃	m²	1.58	同清单量

表 3.138　综合单价分析表

工程名称：例 3.39　　　　　　　　　　　　　　　　　　　第1页　共1页

序号	项目编码	项目名称	单位	数量	综合单价/元					
					人工费	材料费	机械使用费	管理费	利润	小计
1	011505001001	洗漱台	m²	1.98	368.35	222.45	2.36	52.6	54.27	700.03
	A14-154	大理石洗漱台 > 1m²	10m²	0.198	2876.57	2199.67	23.65	411.54	424.59	5936.02
	A14-264	石材倒角、抛光（宽度）≤ 10mm	100m	0.032	1007.45	69.89	0	142.96	147.49	1367.8
	A14-267	石材磨制、抛光加厚半圆边	100m	0.02	4634.21	43	0	657.59	678.45	6013.25
	A14-155	大理石台面面盆开孔	个	1	34.86	1.82	0	4.95	5.1	46.73

续表

序号	项目编码	项目名称	单位	数量	综合单价/元					
					人工费	材料费	机械使用费	管理费	利润	小计
2	011502003001	石材装饰线	m	0.5	14.98	108.64	0.02	2.12	2.2	127.96
	A14-75	石材装饰线 粘贴剂粘贴 宽度≤100mm	100m	0.005	1498.8	10863.2	1.5	212.89	219.64	12796
3	011505001001	镜面玻璃	m²	1.58	19.17	157.04	0	2.72	2.8	181.73
	A14-157	卫生间镜面玻璃陶瓷石材面	100m²	0.0158	1916.79	15703.9	0	271.99	280.62	18173.3

本节学习提示

其他装饰工程分项比较多，柜类、招牌等一般按成品包干价计入总造价，线条安装则需要按计算规则进行计算，基层部位不同则需要乘以相应系数。

第八节 拆 除 工 程

▌学习目标

1. 掌握拆除工程清单工程量计算规则的相关规定。
2. 掌握墙拆除工程计价工程量计算规则的相关规定。

▌能力要求

能够根据施工图及现场实际情况，完成拆除工程量清单编制。

一、概述

拆除工程是指一般工业与民用建筑装饰装修工程的修缮、改建工程。对于工业与民用建筑的主体及部分结构的拆除，不能按照此规则计量和计价的，需执行建筑工程爆破类的计算规则。

（一）拆除工程项目设置

拆除工程清单包含 15 节 37 个分项，其项目设置见表 3.139。

表 3.139　拆除工程清单设置明细

序号	清单名称	分项数量
01	砖砌体拆除	1
02	混凝土及钢筋混凝土拆除	2
03	木构件拆除	1
04	抹灰面拆除	3
05	块料面层拆除	2
06	龙骨及饰面拆除	3
07	屋面拆除	2
08	铲除油漆涂料裱糊面	3
09	栏杆栏板、轻质隔断隔墙拆除	2
10	门窗拆除	2
11	金属构件拆除	5
12	管道及卫生洁具拆除	2
13	灯具、玻璃拆除	2
14	其他构件拆除	6
15	开孔（打洞）	1
合计		37

（二）项目特征描述时要注意的事项

1）砌体、混凝土表面的附着物种类指抹灰层、块料层、龙骨及装饰面层等。

2）砌体、混凝土拆除时，其表面的附着物拆除不单独列项，随砌体、混凝土一起拆除。

3）所有拆除项目的工作内容均包括拆除、控制扬尘、清理、建筑渣土场内外运输。

二、拆除工程清单编制

（一）砖砌体拆除（编码：011601）

1. 清单项目设置

清单项目中，砖砌体拆除只含砖砌体拆除（011601001）1个分项，项目设置见表3.140。

表 3.140　砖砌体拆除（编码：011601）

项目编码	项目名称	项目特征	计量单位	工程量计算规则	工程内容
011601001	砖砌体拆除	1. 砌体名称 2. 砌体材质 3. 拆除高度 4. 拆除砌体的截面尺寸 5. 砌体表面的附着物种类	1. m³ 2. m	1. 以立方米计量，按拆除的体积计算 2. 以米计量，按拆除的延长米计算	1. 拆除 2. 控制扬尘 3. 清理 4. 建筑渣土场内外运输

注：1. 砌体名称指墙、柱、水池等。
2. 砌体表面的附着物种类指抹灰层、块料层、龙骨及装饰面层等。
3. 以米计量，如砖地沟、砖明沟等必须描述拆除部位的截面尺寸；以立方米计量，截面尺寸则不必描述。

2. 清单工程量计算规则解释

砖砌体拆除一般按实拆墙体体积以立方米计算，而不是拆除之后的堆放体积。

（二）混凝土及钢筋混凝土构件拆除（编码：011602）

清单项目中，混凝土及钢筋混凝土构件拆除包括混凝土构件拆除（011602001）、钢筋混凝土构件拆除（011602002）2个分项，项目设置见表3.141。

表 3.141　混凝土及钢筋混凝土构件拆除（编码：011602）

项目编码	项目名称	项目特征	计量单位	工程量计算规则	工程内容
011602001	混凝土构件拆除	1. 构件名称 2. 拆除构件的厚度或规格尺寸 3. 构件表面的附着物种类	1. m³ 2. m² 3. m	1. 以立方米计算，按拆除构件的混凝土体积计算 2. 以平方米计算，按拆除部位的面积计算 3. 以米计量，按拆除部位的延长米计算	1. 拆除 2. 控制扬尘 3. 清理 4. 建筑渣土场内外运输
011602002	钢筋混凝土构件拆除				

注：1. 以立方米作为计量单位时，可不描述构件的规格尺寸；以平方米作为计量单位时，则应描述构件的厚度；以米作为计量单位时，则必须描述构件的规格尺寸。
2. 构件表面的附着物种类指抹灰层、块料层、龙骨及装饰面层等。

（三）木构件拆除（编码：011603）

清单项目中，木构件拆除项目只含木构件拆除（011603001）1个分项，项目设置见表3.142。

表 3.142　木构件拆除（编码：011603）

项目编码	项目名称	项目特征	计量单位	工程量计算规则	工程内容
011603001	木构件拆除	1. 构件名称 2. 拆除构件的厚度或规格尺寸 3. 构件表面的附着物种类	1. m³ 2. m² 3. m	1. 以立方米计量，按拆除构件的混凝土体积计算 2. 以平方米计量，按拆除部位的面积计算 3. 以米计量，按拆除部位的延长米计算	1. 拆除 2. 控制扬尘 3. 清理 4. 建筑渣土场内外运输

注：1. 拆除木构件应按木梁、木柱、木楼梯、木屋架、承重木楼板等分别在构件名称中描述。
　　2. 以立方米作为计量单位时，可不描述构件的规格尺寸；以平方米作为计量单位时，则应描述构件的厚度，以米作为计量单位时，则必须描述构件的规格尺寸。
　　3. 构件表面的附着物种类指抹灰层、块料层、龙骨及装饰面层等。

（四）抹灰面拆除（编码：011604）

清单项目中，抹灰面拆除包括平面抹灰层拆除（011604001）、立面抹灰层拆除（011604002）、天棚抹灰面拆除（011604003）3个分项，项目设置见表3.143。

表 3.143　抹灰面拆除（编码：011604）

项目编码	项目名称	项目特征	计量单位	工程量计算规则	工程内容
011604001	平面抹灰层拆除	1. 拆除部位 2. 抹灰层种类	m²	按拆除部位的面积计算	1. 拆除 2. 控制扬尘 3. 清理 4. 建筑渣土场内外运输
011604002	立面抹灰层拆除				
011604003	天棚抹灰面拆除				

（五）块料面层拆除（编码：011605）

清单项目中，块料面层拆除包括平面块料拆除（011605001）、立面块料拆除（011605002）2个分项，项目设置见表3.144。

表 3.144　块料面层拆除（编码：011605）

项目编码	项目名称	项目特征	计量单位	工程量计算规则	工程内容
011605001	平面块料拆除	1. 拆除的基层类型 2. 饰面材料种类	m²	按拆除面积计算	1. 拆除 2. 控制扬尘 3. 清理 4. 建筑渣土场内外运输
011605002	立面块料拆除				

（六）龙骨及饰面拆除（编码：011606）

清单项目中，龙骨及饰面拆除包括楼地面龙骨及饰面拆除（011606001）、墙柱面龙骨及饰面拆除（011606002）、天棚面龙骨及饰面拆除（011606003）3个分项，项目设置见表3.145。

表 3.145　龙骨及饰面拆除（编码：011606）

项目编码	项目名称	项目特征	计量单位	工程量计算规则	工程内容
011606001	楼地面龙骨及饰面拆除	1. 拆除的基层类型 2. 龙骨及饰面种类	m²	按拆除面积计算	1. 拆除 2. 控制扬尘 3. 清理 4. 建筑渣土场内外运输
011606002	墙柱面龙骨及饰面拆除				
011606003	天棚面龙骨及饰面拆除				

（七）屋面拆除（编码：011607）

清单项目中，屋面拆除包括刚性层拆除（011607001）、防水层拆除（011607002）2个分项，项目设置见表3.146。

表 3.146　屋面拆除（编码：011607）

项目编码	项目名称	项目特征	计量单位	工程量计算规则	工程内容
011607001	刚性层拆除	刚性层厚度	m²	按铲除部位的面积计算	1. 铲除 2. 控制扬尘 3. 清理 4. 建筑渣土场内外运输
011607002	防水层拆除	防水层种类			

（八）铲除油漆涂料裱糊面（编码：011608）

清单项目中，铲除油漆涂料裱糊面包括铲除油漆面（011608001）、铲除涂料面（011608002）、铲除裱糊面（011608003）3个分项，项目设置见表3.147。

表 3.147　铲除油漆涂料裱糊面（编码：011608）

项目编码	项目名称	项目特征	计量单位	工程量计算规则	工程内容
011608001	铲除油漆面	1. 铲除部位名称 2. 铲除部位的截面尺寸	1. m² 2. m	1. 以平方米计算，按铲除部位的面积计算 2. 以米计算，按铲除部位的延长米计算	1. 铲除 2. 控制扬尘 3. 清理 4. 建筑渣土场内外运输
011608002	铲除涂料面				
011608003	铲除裱糊面				

（九）栏杆、栏板、轻质隔断隔墙拆除（编码：011609）

清单项目中，栏杆、栏板、轻质隔断隔墙拆除包括栏杆、栏板拆除（011609001）和隔断隔墙拆除（011609002）2个分项，项目设置见表3.148。

表3.148　栏杆、栏板、轻质隔断隔墙拆除（编码：011609）

项目编码	项目名称	项目特征	计量单位	工程量计算规则	工程内容
011609001	栏杆、栏板拆除	1. 栏杆（板）的高度 2. 栏杆、栏板种类	1. m² 2. m	1. 以平方米计量，按拆除部位的面积计算 2. 以米计量，按拆除的延长米计算	1. 拆除 2. 控制扬尘 3. 清理 4. 建筑渣土场内外运输
011609002	隔断隔墙拆除	1. 拆除隔墙的骨架种类 2. 拆除隔墙的饰面种类	m²	按拆除部位的面积计算	

（十）门窗拆除（编码：011610）

清单项目中，门窗拆除包括木门窗拆除（011610001）、金属门窗拆除（011610002）2个分项，项目设置见表3.149。

表3.149　门窗拆除（编码：011610）

项目编码	项目名称	项目特征	计量单位	工程量计算规则	工程内容
011610001	木门窗拆除	1. 室内高度 2. 门窗洞口尺寸	1. m² 2. 樘	1. 按拆除部位的面积计算 2. 按拆除数量计算	1. 拆除 2. 控制扬尘 3. 清理 4. 建筑渣土场内外运输
011610002	金属门窗拆除				

注：门窗拆除以平方米计量，不同门窗描述洞口尺寸。室内高度指室内楼地面至门窗的上边框。

（十一）金属构件拆除（编码：011611）

清单项目中，金属构件拆除包括钢梁拆除（011611001），钢柱拆除（011611002），钢网架拆除（011611003），钢支撑、钢墙架拆除（011611004），其他金属构件拆除（011611005）5个分项，项目设置见表3.150。

表3.150　金属构件拆除（编码：011611）

项目编码	项目名称	项目特征	计量单位	工程量计算规则	工程内容
011611001	钢梁拆除	1. 构件名称 2. 拆除构件的规格尺寸	1. t 2. m	1. 以吨计量，按拆除构件的质量计算 2. 以米计量，按拆除构件的延长米计算	1. 拆除 2. 控制扬尘 3. 清理 4. 建筑渣土场内外运输
011611002	钢柱拆除				
011611003	钢网架拆除		t	按拆除构件的质量计算	
011611004	钢支撑、钢墙架拆除		1. t 2. m	1. 以吨计量，按拆除构件的质量计算 2. 以米计量，按拆除构件的延长米计算	
011611005	其他金属构件拆除				

（十二）管道及卫生洁具拆除（编码：011612）

清单项目中，管道及卫生洁具拆除包括管道拆除（011612001）、卫生洁具拆除（011612002）2个分项，项目设置见表3.151。

表 3.151　管道及卫生洁具拆除（编码：011612）

项目编码	项目名称	计量单位	工程量计算规则	工程内容
011612001	管道拆除	m	按拆除管道的延长米计算	1.拆除 2.控制扬尘 3.清理 4.建筑渣土场内外运输
011612002	卫生洁具拆除	套/个	按拆除的数量计算	

（十三）灯具、玻璃拆除（编码：011613）

清单项目中，灯具、玻璃拆除包括灯具拆除（011613001）、玻璃拆除（011613002）2个分项，项目设置见表3.152。

表 3.152　灯具、玻璃拆除（编码：011613）

项目编码	项目名称	计量单位	工程量计算规则	工程内容
011613001	灯具拆除	套	按拆除的数量计算	1.拆除 2.控制扬尘 3.清理 4.建筑渣土场内外运输
011613002	玻璃拆除	m²	按拆除的面积计算	

（十四）其他构件拆除（编码：011614）

清单项目中，其他构件拆除包括暖气罩拆除（011614001）、柜体拆除（011614002）、窗台板拆除（011614003）、筒子板拆除（011614004）、窗帘盒拆除（011614005）、窗帘轨拆除（011614006）6个分项，项目设置见表3.153。

表 3.153　其他构件拆除（编码：011614）

项目编码	项目名称	项目特征	计量单位	工程量计算规则	工程内容
011614001	暖气罩拆除	暖气罩拆除	1.个 2.m	1.以个为单位计量，按拆除的数量计算 2.以米为单位计量，按拆除延长米计算	1.拆除 2.控制扬尘 3.清理 4.建筑渣土场内外运输
011614002	柜体拆除	1.柜体材质 2.柜体尺寸			
011614003	窗台板拆除	窗台板平面尺寸	1.块 2.m	1.以块计量，按拆除的数量计算 2.以米计量，按拆除延长米计算	
011614004	筒子板拆除	筒子板的平面尺寸			
011614005	窗帘盒拆除	窗帘盒的平面尺寸	m	按拆除延长米计算	
011614006	窗帘轨拆除	窗帘轨的材质			

（十五）开孔（打洞）（编码：011615）

开孔（打洞）按数量计算。

三、拆除工程清单计价

依据《湖北省房屋建筑与装饰工程消耗量定额及全费用基价表》（2018）第十五章拆除工程的规定，计价工程量计算要求如下。

（一）拆除工程计价工程量定额相关说明

1）本章定额适用于房屋工程的加固及二次装修前的拆除工程，除说明者外不分人工或机械操作，均按定额执行。如采用控制爆破拆除或机械整体性拆除者另行处理。利用拆除后的旧材料抵减拆除人工费者，由发包方与承包方协商处理。

2）墙体凿门窗洞口者套用相应墙体拆除项目，洞口面积在 $0.5m^2$ 以内者，相应项目的人工乘以系数 3.0，洞口面积在 $1.0m^2$ 以内者，相应项目的人工乘以系数 2.4。

3）地面抹灰层与块料面层铲除不包括找平层，如需铲除找平层者，每 $10m^2$ 增加人工 0.20 工日。

4）拆除带支架防静电地板按带龙骨木地板项目人工乘以系数 1.30。

（二）拆除工程计价工程量计算规则

1）墙体拆除：各种墙体拆除按实拆墙体体积以"m^3"计算，不扣除 $0.3m^2$ 以内孔洞和构件所占的体积。隔墙及隔断的拆除按实拆面积以"m^2"计算。

2）钢筋混凝土构件拆除：混凝土及钢筋混凝土的拆除按实拆体积以"m^3"计算，楼梯拆除按水平投影面积以"m^2"计算，无损切割按切割构件断面以"m^2"计算，钻芯按实钻孔数以"孔"计算。

3）木构件拆除：各种屋架、半屋架拆除按跨度分类以"榀"计算，檩、椽拆除不分长短按实拆根数计算，望板、油毡、瓦条拆除按实拆屋面面积以"m^2"计算。

4）抹灰层铲除：楼地面面层按水平投影面积以"m^2"计算，踢脚线按实际铲除长度以"m"计算，各种墙、柱面面层的拆除或铲除均按实拆面积以"m^2"计算，天棚面层拆除按水平投影面积以"m^2"计算。

5）块料面层铲除：各种块料面层铲除均按实际铲除面积以"m^2"计算。

6）龙骨及饰面拆除：各种龙骨及饰面拆除均按实拆投影面积以"m^2"计算。

7）屋面拆除：屋面拆除按屋面的实拆面积以"m^2"计算。

8）铲除油漆涂料裱糊面：油漆涂料裱糊面层铲除均按实际铲除面积以"m^2"计算。

9）栏杆扶手拆除：栏杆扶手拆除均按实拆长度以"m"计算。

10）门窗拆除：拆整樘门、窗均按樘计算，拆门、窗扇以"扇"计算。定额编制时按每樘面积 $2.5m^2$ 以内考虑，面积在 $4m^2$ 以内者，人工乘以系数 1.30；面积超过 $4m^2$ 者，人工乘以系数 1.50。

11）建筑垃圾外运按立方体积计算。楼层运出垃圾其垂直运输机械不分卷扬机、施工电梯或塔吊，均按定额执行，如采用人力运输，每 10m² 按垂直运输距离每 5m 增加人工 0.78 工日，并取消楼层运出垃圾项目中相应的机械费。

▌ 本节学习提示

拆除工程要结合现场实际情况列项，基层和饰面能合并拆除的，不得分开列项，重复计算工程量。建筑垃圾外运按立方体积计算，不得按拆除体积计算。建筑垃圾处理的消纳费单独计算。

第四章

装饰工程措施项目清单计价

■学习提示

　　措施项目是为了完成工程施工，发生于工程施工前和施工过程中的主要技术、生活、安全等方面的非工程实体项目，包括单价措施项目和总价措施项目。其中，装饰工程单价措施项目包括脚手架、垂直运输、超高施工增加、成品保护费；总价措施费包括现场安全文明施工、夜间施工费、二次搬运费、冬雨期施工费、工程定位复测费。

■知识目标

1. 掌握单价措施项目工程量清单的编制方法。
2. 掌握单价措施项目工程量清单的综合单价计算。
3. 掌握总价措施项目的清单编制方法。
4. 掌握总价措施项目的计费基数。

■能力要求

1. 能够编制单价措施项目工程量清单。
2. 能够编制总价措施项目清单。

■规范标准

1. 《建设工程工程量清单计价规范》（GB 50500—2013）。
2. 《房屋建筑与装饰工程工程量计算规范》（GB 50854—2013）。
3. 《湖北省房屋建筑与装饰工程消耗量定额及全费用基价表》（2018）。
4. 《湖北省建筑安装工程费用定额》（2018）。

第一节 单价措施项目

学习目标

1．掌握单价措施项目工程量清单的编制方法。
2．掌握湖北省定额中的单价措施项目计价工程量计算规则。
3．掌握单价措施项目的综合单价计算。

能力要求

1．能够根据施工图及相关要求，完成单位工程单价措施项目清单编制。
2．能够运用计价工程量计算规则对单价措施项目清单进行综合单价分析。

一、单价措施项目概述

措施项目是指为了完成工程施工，发生于工程施工前和施工过程中的非工程实体项目，主要包括技术、生活、安全等方面。本节主要介绍装饰工程中可以依据具体图纸上的数据，用相应计算规则来计算的措施项目部分，包括脚手架工程、垂直运输、超高施工增加、成品保护费。

措施项目清单包含 4 节 11 个分项，其项目设置见表 4.1。

表 4.1　措施项目清单设置明细

序号	清单名称	分项数量
01	脚手架工程	8
02	垂直运输	1
03	超高施工增加	1
04	成品保护费	1
合计		11

二、单价措施项目清单编制

（一）脚手架工程（编码：011701）

1．清单项目设置

在清单项目中，脚手架工程包含综合脚手架（011701001）、外脚手架（011701002）、里脚手架（011701003）、悬空脚手架（011701004）、挑脚手架（011701005）、满堂脚手架（011701006）、整体提升架（011701007）、外装饰吊篮（011701008）8 个分项，其项目设置要求见表 4.2。

表 4.2　脚手架工程（编码：011701）

项目编码	项目名称	项目特征	计量单位	工程量计算规则	工程内容
011701001	综合脚手架	1. 建筑结构形式 2. 檐口高度	m²	按建筑面积计算	1. 场内、场外材料搬运 2. 搭、拆脚手架，斜道，上料平台 3. 安全网的铺设 4. 选择附墙点与主体连接 5. 测试电动装置、安全锁等 6. 拆除脚手架后材料的堆放
011701002	外脚手架	1. 搭设方式 2. 搭设高度 3. 脚手架材质		按服务对象的垂直投影面积计算	
011701003	里脚手架				
011701004	悬空脚手架	1. 搭设方式 2. 悬挑宽度 3. 脚手架材质		按搭设的水平投影面积计算	1. 场内、场外材料搬运 2. 搭、拆脚手架，斜道，上料平台 3. 安全网的铺设 4. 拆除脚手架后材料的堆放
011701005	挑脚手架		m	按搭设长度乘以搭设层数以延长米计算	
011701006	满堂脚手架	1. 搭设方式 2. 搭设高度 3. 脚手架材质	m²	按搭设的水平投影面积计算	1. 场内、场外材料搬运 2. 选择附墙点与主体连接 3. 搭、拆脚手架，斜道，上料平台 4. 安全网的铺设 5. 测试电动装置、安全锁等 6. 拆除脚手架后材料的堆放
011701007	整体提升架	1. 搭设方式及启动装置 2. 搭设高度		按服务对象的垂直投影面积计算	1. 场内、场外材料搬运 2. 吊篮的安装 3. 测试电动装置、安全锁、平衡控制器等 4. 吊篮的拆卸
011701008	外装饰吊篮	1. 升降方式及启动装置 2. 搭设高度及吊篮型号			

注：1. 使用综合脚手架时，不再使用外脚手架、里脚手架等单项脚手架；综合脚手架适用于能够按"建筑面积计算规则"计算建筑面积的建筑工程脚手架，不适用于房屋加层、构筑物及附属工程脚手架。
　　2. 同一建筑物有不同檐高时，按建筑物竖向切面分别按不同檐高编列清单项目。
　　3. 整体提升架已包括 2m 高的防护架体设施。
　　4. 脚手架材质可以不描述，但应注明由投标人根据工程实际情况按照国家现行标准《建筑施工扣件式钢管脚手架安全技术规范》（JGJ 130—2011），《建筑施工附着升降脚手架管理暂行规定》建〔2000〕230 号等规范自行确定。

2．清单工程量计算规则解释

1）综合脚手架包括外墙砌筑及外墙粉饰、3.6m 以内的内墙砌筑及混凝土浇捣用脚手架以及内墙面和天棚粉饰脚手架，不包含 3.6m 以上的内墙面和天棚粉饰脚手架。

2）外脚手架、里脚手架、整体提升架、外装饰吊篮等分项，按服务对象的垂直投影面积计算时，门窗洞口面积不扣除。

（二）垂直运输（编码：011703）

垂直运输项目设置要求见表 4.3。

表 4.3　垂直运输（编码：011703）

项目编码	项目名称	项目特征	计量单位	工程量计算规则
011703001	垂直运输	1. 建筑物建筑类型及结构形式 2. 地下室建筑面积 3. 建筑物檐口高度、层数	1. m² 2. 天	1. 按建筑面积计算 2. 按施工工期日历天数计算

注：1. 建筑物的檐口高度是指设计室外地坪至檐口滴水的高度（平屋顶是指屋面板底高度），突出主体建筑物屋顶的电梯机房、楼梯出口间、水箱间、瞭望塔、排烟机房等不计入檐口高度。
　　2. 垂直运输机械指施工工程在合理工期内所需垂直运输机械。
　　3. 同一建筑物有不同檐高时，按建筑物的不同檐高做纵向分割，分别计算建筑面积，以不同檐高分别编码列项。

（三）超高施工增加（编码：011704）

超高施工增加项目设置要求见表 4.4。

表 4.4　超高施工增加（编码：011704）

项目编码	项目名称	项目特征	计量单位	工程量计算规则
011704001	超高施工增加	1. 建筑物建筑类型及结构形式 2. 建筑物檐口高度、层数 3. 单层建筑物檐口高度超过 20m，多层建筑物超过 6 层部分的建筑面积	m²	按建筑物超高部分的建筑面积计算

注：1. 单层建筑物檐口高度超过 20m，多层建筑物超过 6 层时，可按超高部分的建筑面积计算超高施工增加，计算层数时，地下室不计入层数。
　　2. 同一建筑物有不同檐高时，可按不同高度的建筑面积分别计算建筑面积，以不同檐高分别编码列项。

（四）成品保护（编码：011707）

对已完工程及设备采取的覆盖、包裹、封闭、隔离等必要保护措施所发生的费用，按保护的面积计算。

三、单价措施项目清单计价

依据《湖北省房屋建筑与装饰工程消耗量定额及全费用基价表》（2018）第十七章脚手架工程、第十八章垂直运输工程、第二十一章成品保护工程的规定，计价工程量计算要求如下：

（一）单价措施项目计价工程量计算相关说明

1．脚手架工程

（1）综合脚手架

一般结构工程：

1）单层建筑综合脚手架适用于檐高 20m 以内的单层建筑工程。

2）凡单层建筑工程执行单层建筑综合脚手架项目；二层及二层以上的建筑工程执行多层建筑综合脚手架项目；地下室执行地下室综合脚手架项目。

3）综合脚手架包括外墙砌筑及外墙粉饰 3.6m 以内的内墙砌筑及混凝土浇捣用脚手架以及内墙面和天棚粉饰脚手架。

执行综合脚手架，有下列情况者，可另执行单项脚手架项目。

1）满堂基础或者高度（垫层上皮至基础顶面）在 1.2m 以外的混凝土或钢筋混凝土基础，按满堂脚手架基本层定额乘以系数 0.3；高度超过 3.6m，每增加 1m 按满堂脚手架增加层定额乘以系数 0.3。

2）独立柱、现浇混凝土单（连续）梁、施工高度超过 3.6m 的框架柱、剪力墙执行双排外脚手架定额项目乘以系数 0.3。

3）砌筑高度在 3.6m 以外的砖及砌块内墙，按相应双排脚手架定额乘以系数 0.3。

4）砌筑高度在 1.2m 以外的屋顶烟囱的脚手架，按设计图示烟囱外围周长另加 3.6m 乘以烟囱出屋顶高度以面积计算，执行里脚手架项目。

5）砌筑高度在 1.2m 以外的管沟墙及砖基础（含砖胎模），按设计图示砌筑长度乘以高度以面积计算，执行里脚手架项目。

6）高度在 3.6m 以外，墙面装饰不能利用原砌筑脚手架时，执行内墙面粉饰脚手架项目。层高超过 3.6m 天棚，需抹灰、刷油、吊顶等装饰者，可计算满堂脚手架。室内凡计算了满堂脚手架，墙面装饰不再计算墙面粉饰脚手架，只按每 100m² 墙面垂直投影面积增加改架一般技工 1.28 工日。

7）幕墙施工的吊篮费用，实际发生时，按批准的施工方案计算。

8）按照建筑面积计算规范的有关规定未计入建筑面积，但施工过程中需搭设脚手架的施工部位；以及不适宜使用综合脚手架的项目，均可按相应的单项脚手架项目执行。

本定额按建筑面积计算的综合脚手架，是按一个整体工程考虑的，当建筑工程（主体结构）与装饰装修工程不是一个单位施工时，建筑工程综合脚手架按定额子目的 80% 计算，装饰装修工程另按实际使用的单项脚手架或其他脚手架计算。

（2）外脚手架

外脚手架消耗量中已包括综合斜道、上料平台、护卫栏杆等。

独立柱、现浇混凝土单（连续）梁、施工高度超过 3.6m 的框架柱、剪力墙分别按柱周长、梁长、墙长乘以操作高度的面积执行双排外脚手架定额项目 A17-31 乘以系数 0.3。

砌筑高度在 3.6m 以外的砖及砌块内墙，按墙长乘以操作高度的面积套双排外脚手架 A17-31 乘以 0.3。

建筑物外墙脚手架，设计室外地坪至檐口的砌筑高度在 15m 以下的，按单排脚手架计算；砌筑高度在 15m 以上或砌筑高度虽不足 15m，但外墙门窗及装饰面积超过外墙表面积 60% 以上时，执行双排外脚手架项目。

砌筑高度在 3.6m 以外的围墙，执行单排外脚手架项目。

石砌墙体，砌筑高度在 1.2m 以外时，执行双排外脚手架。

大型设备基础，凡距离地坪的高度在 1.2m 以外的，执行双排外脚手架项目。

（3）里脚手架

砌筑高度在 1.2m 以外的屋顶烟囱的脚手架，按设计图示烟囱外围周长另加 3.6m 乘以烟囱出屋顶高度以面积计算，执行里脚手架项目。

砌筑高度在 1.2m 以外的管沟墙及砖基础（含砖胎膜），按设计图示砌筑长度乘以高度以面积计算，执行里脚手架项目。

建筑物内墙脚手架，设计室内地坪至板底（或山墙高度的 1/2 处）的砌筑高度在 3.6m 以内的，执行里脚手架项目。

围墙脚手架，室外地坪至围墙顶面的砌筑高度在 3.6m 以内的，按里脚手架执行。

（4）满堂脚手架

满堂基础或者高度（垫层上皮至基础顶面）在 1.2m 以外的混凝土或钢筋混凝土基础，按满堂脚手架基本层定额乘以系数 0.3；高度超过 3.6m，每增加 1m 按满堂脚手架增加层定额乘以系数 0.3。

高度在 3.6m 以外，墙面装饰不能利用原砌筑脚手架时，执行内墙面粉饰脚手架项目。层高超过 3.6m 天棚，需抹灰、刷油、吊顶等装饰者，可计算满堂脚手架。室内凡计算了满堂脚手架，墙面装饰不再计算墙面粉饰脚手架，只按每 100m² 墙面垂直投影面积增加改架一般技工 1.28 工日。

（5）其他脚手架

幕墙施工的吊篮费用，实际发生时，按批准的施工方案计算。

层高 3.6m 以内内墙、柱面、天棚面装饰用架执行 3.6m 以内内墙、柱面及天棚面粉饰用架。

挑脚手架适用于外檐挑檐宽度大于 0.9m 等部位的局部装饰。

悬空脚手架适用于有露明屋架的屋面板勾缝、油漆或喷浆等部位。

整体提升架适用于高层建筑的外墙施工。

电梯井架每一电梯台数为一孔。

（6）钢结构工程脚手架

1）钢结构工程的综合脚手架定额，包括外墙砌筑及外墙粉饰、3.6m 以内的内墙砌筑及混凝土浇捣用脚手架以及内墙面和天棚粉饰脚手架。除执行综合脚手架定额以外，还需另行计算单项脚手架费用的按本章的相应项目及规定执行。

2）单层厂房综合脚手架定额适用于檐高 6m 以内的钢结构建筑，若檐高超过 6m，则按每增加 1m 定额计算。

3）多层厂房综合脚手架定额适用于檐高 20m 以内且层高在 6m 以内的钢结构建筑，若檐高超过 20m 或层高超过 6m，应分别按每增加 1m 定额计算。

（7）其他使用说明

按照建筑面积计算规范的有关规定未计入建筑面积，但施工过程中需搭设脚手架的施工部位，以及不适宜使用综合脚手架的项目，均可按相应的单项脚手架项目执行。

本定额按建筑面积计算的综合脚手架，是按一个整体工程考虑的，当建筑工程（主体结构）与装饰装修工程不是一个单位施工时，建筑工程综合脚手架按定额子目的 80% 计算，装饰装修工程另按实际使用的单项脚手架或其他脚手架计算。

装配式混凝土结构工程的综合脚手架按本定额相应项目乘以系数 0.85 计算。

2．垂直运输工程

1）垂直运输工作内容包括单位工程在合理工期内完成全部工程项目所需要的垂直运输机械台班，不包括机械的场外往返运输、一次安拆及路基铺垫和轨道铺拆等费用。

2）本定额按建筑面积计算的垂直运输，是按一个整体工程考虑的，当建筑工程（主体结构）与装饰装修工程不是同一个单位施工时，建筑工程垂直运输按定额子目的 80% 计算，装饰装修工程的垂直运输按定额子目的 20% 计算。

3）檐高 3.6m 以内的单层建筑，不计算垂直运输机械台班。

4）本定额层高按 3.6m 考虑，若超过 3.6m 者，应另计层高超高垂直运输增加费，每超过 1m，其超高部分按相应套用定额增加 10%，超高不足 1m 按 1m 计算。

3．超高增加费

1）建筑物超高增加人工、机械定额适用于建筑物檐口高度超过 20m 的项目。

2）本定额按建筑面积计算的建筑物超高增加费，是按一个整体工程考虑的，当建筑工程（主体结构）与装饰装修工程不是同一个单位施工时，建筑工程超高增加费按定额子目的 80% 计算，装饰装修工程的超高增加费按定额子目的 20% 计算。

3）装配式混凝土结构工程的建筑物超高增加费按本定额相应项目计算，其中，人工消耗量乘以系数 0.7。

4）装配式钢结构工程的建筑物超高增加费按本定额相应项目计算，其中，人工消耗量乘以系数 0.7。

4．成品保护费

1）成品保护指对已做好的项目表面上覆盖保护层。

2）实际施工采用材料与定额所用材料不同时，不得换算。

3）玻璃镜面、镭射玻璃的成品保护按大理石、花岗岩、木质墙面项目套用。

（二）单价措施项目计价工程量计算规则

1. 脚手架工程

（1）综合脚手架

综合脚手架按设计图示尺寸以建筑面积计算，同一建筑物有不同高且上层建筑面积小于下层建筑面积 50% 时，纵向分割，分别计算建筑面积，并按各自的檐高执行相应项目。

（2）外脚手架

外脚手架、整体提升架按外墙外边线长度（含墙垛及附墙井道）乘以外墙高度以面积计算。计算内外墙脚手架时，均不扣除门、窗、洞口、空圈等所占面积。同一建筑物高度不同时，应按不同高度分别计算。

（3）里脚手架

里脚手架按墙面垂直投影面积计算，均不扣除门、窗、洞口、空圈等所占面积。

（4）满堂脚手架

满堂脚手架按室内净面积计算，不扣除柱、垛、附墙烟囱所占面积。其高度在 3.6～5.2m 之间时计算基本层，超过 5.2m，每增加 1.2m 计一个增加层，增加 0.6m 按一个增加层计算，不足 0.6m 按一个增加层乘以系数 0.5 计算。计算公式如下：

$$满堂脚手架增加层 =（室内净高-5.2）/1.2m。$$

（5）其他脚手架

1）整体提升架按提升范围的外墙外边线长度乘以外墙高度以面积计算，不扣除门窗、洞口所占面积。

2）挑脚手架按搭设长度乘以层数以长度计算。悬空脚手架按搭设水平投影面积计算。

3）吊篮脚手架按外墙垂直投影面积计算，不扣除门窗洞口所占面积。挑出式安全网按挑出的水平投影面积计算。

4）内墙面粉饰脚手架按内墙面垂直投影面积计算，不扣除门窗洞口所占面积。

2. 垂直运输工程

建筑物垂直运输，区分不同建筑物檐高按建筑面积计算。同一建筑物有不同檐高且上层建筑面积小于下层建筑面积 50%，纵向分割，分别计算建筑面积，并按各自的檐高执行相应项目。地下室垂直运输按地下室建筑面积计算。

3. 超高增加费

1）各项定额中包括的内容指建筑物檐口高度超过 20m 的全部工程项目，但不包括垂直运输、各类构件的水平运输及各项脚手架。

2）建筑物超高增加费的人工。根据不同檐高，按建筑物超高部分的建筑面积计算。当上层建筑面积小于下层建筑面积 50%，进行纵向分割，分别计算面积。

4．成品保护费

1）成品保护按被保护面积计算。

2）楼梯、台阶成品保护按水平投影面积计算。

（三）案例

【例 4.1】 如图 4.1 所示某包房平面图，该包房天棚做吊顶，内墙面抹灰刷油，室内净高为 4.2m，原砌筑脚手架已拆除，试根据描述及图示计算清单工程量，并根据《湖北省房屋建筑与装饰工程消耗量定额及全费用基价表》（2018）计算相应的计价工程量。

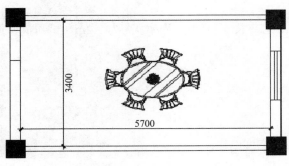

图 4.1　包房平面图

 分　析

清单工程量：该项目室内净高超过3.6m，原砌筑脚手架不能利用，天棚、墙面都需要装饰，列满堂脚手架项目。按室内投影面积计算。

计价工程量：满堂脚手架按室内投影面积计算。室内凡计算了满堂脚手架，墙面装饰不再计算墙面粉饰脚手架，只按每100m²墙面垂直投影面积增加改架一般技工1.28工日。

解： 根据工程量计算规则，工程量计算见表 4.5，综合单价分析见表 4.6。

表 4.5　工程量计算表

序号	项目编码	项目名称	计量单位	数量	工程量计算式
1	011701006001	满堂脚手架	m²	19.38	3.4×5.7=19.38（m²）
	A17-41	满堂脚手架基本层	m²	19.38	同清单工程量
	补充	改架人工费	技工工日	0.978	（5.7+3.4）×2×4.2/100×1.28=0.978（工日）

表 4.6 综合单价分析表

工程名称：例 4.1   第 1 页 共 1 页

序号	项目编码	项目名称	单位	数量	综合单价 / 元					
					人工费	材料费	机械使用费	管理费	利润	小计
1	011701006001	满堂脚手架	m²	19.38	15.25	5.21	0.84	4.55	3.17	29.02
	A17-41 换	满堂脚手架 基本层（3.6m ~ 5.2m）	100m²	0.1938	1524.94	520.61	83.54	454.72	317.35	2901.16

思考题：若图 4.1 是一共享空间，室内净高为 9.2m，试对满堂脚手架进行工程量计算及综合单价分析。

清单工程量：列满堂脚手架项目，按室内投影面积计算。

计价工程量：

1）满堂脚手架基本层按室内投影面积计算；

2）增加层计算如下：（9.2-5.2）÷1.2=3（增加层）余0.4m，不足0.6m按0.5增加层计算；

3）改架人工费按每100m²墙面垂直投影面积增加改架一般技工1.28工日，墙面面积：（5.7+3.4）×2×9.2=167.44（m²）。

解：根据工程量计算规则，工程量计算见表 4.7，综合单价分析见表 4.8。

表 4.7 工程量计算表

序号	项目编码	项目名称	计量单位	数量	工程量计算式
1	011701006001	满堂脚手架	m²	19.38	3.4×5.7=19.38（m²）
	A17-41	满堂脚手架基本层	m²	19.38	同清单工程量
	A17-42	满堂脚手架增加层	m²	67.83	19.38×3.5=67.83（m²）
	补充	改架人工费	技工工日	2.14	167.44/100×1.28=2.14（工日）

表 4.8　综合单价分析表

工程名称：例 4.1　　　　　　　　　　　　　　　　　　　　　　　　　第 1 页　共 1 页

序号	项目编码	项目名称	单位	数量	综合单价 / 元					
					人工费	材料费	机械使用费	管理费	利润	小计
1	011701006001	满堂脚手架	m²	19.38	29.85	7.4	1.3	8.81	6.15	53.51
	A17-41 换	满堂脚手架 基本层（3.6～5.2m）	100m²	0.1938	2376.37	520.61	83.54	695.42	485.34	4161.3
	A17-42	满堂脚手架 增加层 1.2m	100m²	0.6783	173.83	62.82	13.25	52.89	36.91	339.7

【例 4.2】某变电室外墙面尺寸如图 4.2 所示，根据图示计算外墙装饰脚手架清单工程量，并根据《湖北省房屋建筑与装饰工程消耗量定额及全费用基价表》（2018）计算相应的计价工程量。

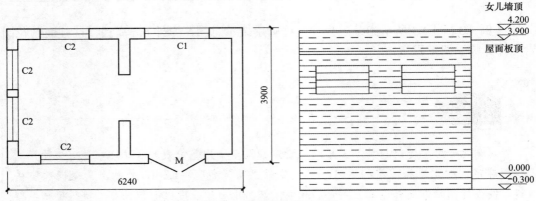

图 4.2　变电室外墙示意图

　　清单工程量：建筑物外墙脚手架，设计室外地坪至檐口的砌筑高度在 15m 以下的按单排脚手架计算，按服务对象的垂直投影面积计算。

　　计价工程量：外脚手架按外墙外边线长度（含墙垛及附墙通道）乘以外墙高度以面积计算。计算内、外墙脚手架时，均不扣除门、窗、洞口、空圈等所占面积。

　　解：根据工程量计算规则，工程量计算见表 4.9，综合单价分析见表 4.10。

表 4.9　工程量计算表

序号	项目编码	项目名称	计量单位	数量	工程量计算式
1	011701002001	外脚手架	m²	91.26	（6.24+3.9）×2×4.5=91.26（m²）
	A17-30	单排外脚手架	m²	91.26	同清单量

表 4.10　综合单价分析表

工程名称：例 4.2 　　　　　　　　　　　　　　　　　　　　　　　第 1 页　共 1 页

序号	项目编码	项目名称	单位	数量	综合单价/元					
					人工费	材料费	机械使用费	管理费	利润	小计
1	011701002001	外脚手架	m²	91.26	6.18	15.2	0.38	1.86	1.29	24.91
	A17-30	外脚手架 15m 以内单排	100m²	0.9126	618.47	1519.6	37.85	185.54	129.49	2490.95

【例 4.3】图 4.3 所示为某工程独立柱脚手架示意图，室外 6m 高独立柱柱面贴花岗岩，计算脚手架工程量。

分　析

《湖北省房屋建筑与装饰工程消耗量定额及全费用基价表》（2018）没有该项目的相关规定，如无原脚手架利用时，可以参考"砌筑高度在1.2m以外的屋顶烟囱的脚手架，按设计图示烟囱外围周长另加3.6m乘以烟囱出屋顶高度以面积计算，执行里脚手架项目"。

解：

清单工程量 =（1.0×4+3.6）×6=45.6（m²）

计价工程量：套用定额子目 A17-38，工程量 =45.6m²

【例 4.4】某 18 层建筑如图 4.4 所示，檐高 54m，总建筑面积 15040m²。其中，1～3 层每层 1200m²、4 层 1000m²、5～18 层每层 460m²，地下室 2 层每层 2000m²，层高均为 3m；内墙柱面粉饰 28792m²，天棚粉饰 13028m²。试根据描述及图示计算脚手架清单工程量，并根据《湖北省房屋建筑与装饰工程消耗量定额及全费用基价表》（2018）计算相应的计价工程量。

清单工程量：综合脚手架包括外墙砌筑及外墙粉饰、3.6m以内的内墙砌筑及混凝土浇捣用脚手架，以及内墙面和天棚粉饰脚手架；本例层高为3m，列综合脚手架清单项即可。再判断是否垂直分割：5层面积/4层面积=460/1000=0.46<0.5，需要垂直分割，并根据不同檐高分别列清单。

计价工程量：按建筑面积计算，如需要垂直分割，根据不同檐高分别套用相应定额计算面积。

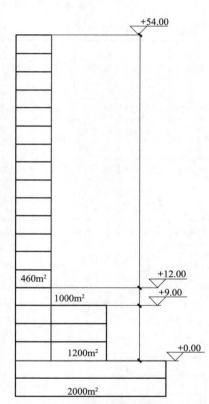

图 4.3　独立柱脚手架示意图　　　　　　图 4.4　建筑面积示意图

解：根据工程量计算规则，工程量计算见表 4.11，综合单价分析见表 4.12。

表 4.11　工程量计算式

序号	项目编码	项目名称	项目特征	计量单位	数量	工程量计算式
1	011701001001	综合脚手架	檐高 60m 以内	m²	8280	460×18=8280（m²）
	A17-11	综合脚手架	檐高 60m 以内	m²	8280	同清单工程量

续表

序号	项目编码	项目名称	项目特征	计量单位	数量	工程量计算式
2	011701001002	综合脚手架	檐高 20m 以内	m²	2760	1200×3+1000−460×4=2760（m²）
	A17-7	综合脚手架	檐高 20m 以内	m²	2760	同清单工程量
3	011701001003	综合脚手架	地下室综合脚手架	m²	4000	2000×2=4000（m²）
	A17-27	地下室综合脚手架	地下室 2 层综合脚手架	m²	4000	同清单工程量

表 4.12 综合单价分析表

工程名称：例 4.4   第 1 页 共 1 页

序号	项目编码	项目名称	单位	数量	综合单价 / 元					
					人工费	材料费	机械使用费	管理费	利润	小计
1	011701001001	综合脚手架	m²	8280	14.21	61.77	1.91	4.55	3.18	85.62
	A17-11	多层建筑综合脚手架 檐高 60m 以内	100m²	82.8	1420.63	6177.4	190.6	455.49	317.9	8562.02
2	011701001002	综合脚手架	m²	2760	7.3	33.54	1.77	2.57	1.79	46.97
	A17-7	多层建筑综合脚手架 檐高 20m 以内	100m²	27.6	730.47	3354.18	177.35	256.64	179.11	4697.75
3	011701001003	综合脚手架	m²	4000	6.2	14.04	0.76	1.97	1.37	24.34
	A17-27	地下室综合脚手架二层	100m²	40	619.69	1404.42	76.24	196.74	137.31	2434.4

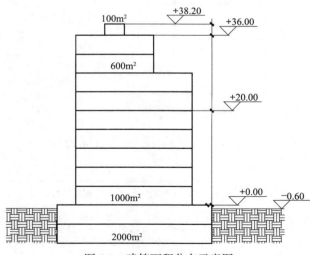

图 4.5 建筑面积分布示意图

【例 4.5】某建筑檐高 38.2m，建筑面积分布如图 4.5 所示，地上建筑面积 8300m²，单层高为 4m。其中，内墙柱面粉饰面积 16800m²，天棚粉饰面积 7050m²，室内净投影面积 6930m²，地下室 2 层，建筑面积 4000m²。试根据描述及图示计算脚手架清单工程量，并根据《湖北省房屋建筑与装饰工程消耗量定额及全费用基价表》（2018）计算相应的计价工程量。

清单工程量：本例层高为4m，内墙面、天棚面要做装饰，因此，列综合脚手架清单项和满堂脚手架清单项2个清单；再判断是否垂直分割，由于8层面积/7层面积=600/1000=0.6>0.5，因此不需要垂直分割；地下室单列综合脚手架清单。地上部分综合脚手架工程量中屋顶水箱间面积要计算，但不计入檐高。满堂脚手架按室内净面积计算，室内凡计算了满堂脚手架工程量的，墙面装饰不再计算墙面粉饰脚手架，只按每100m²墙面垂直投影面积增加改架一般技工1.28工日。

计价工程量：计价工程量与清单工程量计算规则相同，满堂脚手架套用定额时要注意，按100m²墙面垂直投影面积增加改架一般技工1.28工日。

解：根据工程量计算规则，工程量计算见表4.13，综合单价分析见表4.14。

表4.13 工程量计算式

序号	项目编码	项目名称	项目特征	计量单位	数量	工程量计算式
1	011701001001	综合脚手架	檐高40m以内	m²	8300	1000×7+600×2+100=8300（m²）
	A17-9	综合脚手架	檐高40m以内	m²	8300	同清单工程量
2	011701006001	满堂脚手架	搭设高度：4m	m²	6930	6930m²
	A17-41	满堂脚手架	基本层	m²	6930	同清单工程量
	补	改架人工费		工日	215.04	168×1.28=215.04（工日）
3	011701001002	综合脚手架	地下室综合脚手架	m²	4000	2000×2=4000（m²）
	A17-27	地下室综合脚手架	地下室2层综合脚手架	m²	4000	同清单工程量

表4.14 综合单价分析表

工程名称：例4.5　　　　　　　　　　　　　　　　　　　　　　　　　　　　第1页 共1页

序号	项目编码	项目名称	单位	数量	综合单价/元					
					人工费	材料费	机械使用费	管理费	利润	小计
1	011701001001	综合脚手架	m²	8300	10.3	50.01	1.89	3.44	2.4	68.04
	A17-9	多层建筑综合脚手架檐高40m以内	100m²	83	1029.5	5001.25	188.7	344.39	240.35	6804.2
2	011701006001	满堂脚手架	m²	6930	12.49	5.21	0.84	3.77	2.63	24.94
	A17-41 换	满堂脚手架 基本层（3.6～5.2m）	100m²	69.3	1249	520.61	83.54	376.72	262.92	2492.82

续表

序号	项目编码	项目名称	单位	数量	综合单价 / 元					
					人工费	材料费	机械使用费	管理费	利润	小计
3	011701001002	综合脚手架	m²	4000	6.2	14.04	0.76	1.97	1.37	24.34
	A17–27	地下室综合脚手架 二层	100m²	40	619.69	1404.42	76.24	196.74	137.31	2434.4

【例 4.6】某建筑物建筑面积分布如图 4.6 所示,檐高 29.2m,共 8 层,塔式起重机施工,总建筑面积 6700m²。其中,1 ~ 4 层为每层 1000m²,层高 3.6m;5、6 层每层 700m²;7、8 层每层 600m²,层高均为 3m;电梯机房 100m²,室外地坪标高为 –0.6m,试根据描述及图示计算垂直运输清单工程量,并根据《湖北省建筑与装饰工程消耗量定额及全费用基价表》(2018)计算相应计价工程量。

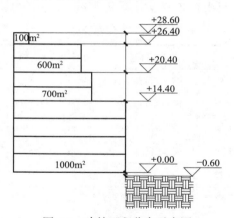

图 4.6 建筑面积分布示意图

 分 析

清单工程量:垂直运输清单首先判断是否垂直分割,由于 5 层面积/4 层面积=700/1000=0.7>0.5,因此不需要垂直分割。

地下室单列垂直运输清单。地上部分垂直运输工程量中屋顶水箱间面积要计算,但不计入檐高。该建筑物层高均在 3.6m 以内,可直接套取垂直运输定额,不需要计取层高超高垂直运输增加费。

计价工程量:计算规则与清单工程量计算规则一致。

解：根据工程量计算规则，工程量计算式见表4.15，综合单价分析见表4.16。

表 4.15　工程量计算表

序号	项目编码	项目名称	计量单位	数量	工程量计算式
1	011703001001	垂直运输	m²	6700	1000×4+700×2+600×2+100=6700（m²）
	A18-6	垂直运输	m²	6700	同清单量

表 4.16　综合单价分析表

工程名称：例4.6　　　　　　　　　　　　　　　　　　　　　　第1页　共1页

序号	项目编码	项目名称	单位	数量	综合单价/元					
					人工费	材料费	机械使用费	管理费	利润	小计
1	011703001001	垂直运输	m²	6700	2.76	3.42	16.41	5.42	3.78	31.79
	A18-6	20m以上塔式起重机施工 檐高30m以内	100m²	67	276.17	341.91	1641.14	542.02	378.29	3179.53

【例4.7】某建筑面积分布如图4.7所示，共18层，檐高54m，总建筑面积15040m²。其中，1～3层每层1200m²；4层1000m²；5～18层每层460m²；地下室2层，每层2000m²；层高均为3m。试根据描述及图示计算超高施工增加费清单，并根据《湖北省房屋建筑与装饰工程消耗量定额及全费用基价表》（2018）计算相应的计价工程量。

清单工程量：本例要先判断是否垂直分割，由于5层面积/4层面积=460/1000=0.46<0.5，因此需要垂直分割。因为7层以上已超过20m（3×7=21>20m），所以从7层以上均需要计算超高增加费。

计价工程量：计算规则与清单工程量计算规则一致。

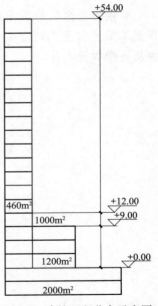

图 4.7　建筑面积分布示意图

解：根据工程量计算规则，工程量计算式见表4.17，综合单价分析见表4.18。

表 4.17　工程量计算表

序号	项目编码	项目名称	计量单位	数量	工程量计算式
1	011704001001	超高增加费	m²	5520	460×(18-6)=5520（m²）
	A19-4	垂直运输	m²	5520	同清单量

表 4.18　综合单价分析表

工程名称：例 4.7　　　　　　　　　　　　　　　　　　　　　　　　　第 1 页　共 1 页

序号	项目编码	项目名称	单位	数量	综合单价/元					
					人工费	材料费	机械使用费	管理费	利润	小计
1	011704001001	超高施工增加	m²	5520	25.94	0.6	1.67	7.81	5.45	41.47
	A19-4	建筑物超高增加费建筑物檐高60m以内	100m²	55.2	2593.92	59.8	167.07	780.53	544.74	4146.06

▋本节学习提示

　　单独的室内装饰工程单价措施费比较常见的分项有脚手架费及成品保护费，工程完工后交付业主进行装修时，一般使用装修电梯运送材料，则不计取垂直运输费和超高增加费。

第二节　总价措施项目

▌学习目标
1. 掌握总价措施项目的相关规定。
2. 掌握总价措施项目的编制过程。

▌能力要求
能够根据施工图及相关要求，完成单位工程总价措施项目清单编制。

一、总价措施项目清单编制要求

（一）总计措施费分类

总价措施费包括现场安全文明施工费，夜间施工费，二次搬运费，冬、雨期施工增加费，工程定位复测费。

1. 安全文明施工费

安全文明施工费是指按照国家现行的施工安全、施工现场环境与卫生标准和有关规定，购置更新和安装施工安全防护用具及设施，改善安全生产条件和作业环境，以及施工企业为进行工程施工所必须搭设的生产和生活用的临时建筑物、构筑物和其他临时设施的搭设、维修、拆除、清理费和摊销的费用等，该费用包括：

1）安全文明施工费：按照国家现行的施工安全、施工现场环境与卫生标准和有关规定，购置和更新施工安全防护用具及设施，改善安全生产条件所需的各项费用。

2）环境保护费：是指施工现场为达到国家环保部门要求的环境和卫生标准，改善生产条件和作业环境所需的各项费用。

3）临时设施费：是指施工企业为进行工程施工所必需搭设的生产和生活用的临时建筑物、构筑物和其他临时设施的搭设、维修、拆除、清理费和摊销费等。

2. 夜间施工费

夜间施工费是指因夜间施工所发生的夜班补助费、夜间施工降效、夜间施工照明设备摊销及照明用电等费用。

3. 二次搬运费

二次搬运费是指因施工场地狭小等特殊情况而发生的材料、构配件、半成品等一次运输不能到达堆放地点，必须进行二次或多次搬运所发生的费用。

4．冬、雨期施工增加费

冬、雨期施工增加费是指冬期或雨期施工须增加的临时设施、防滑、排除雨雪，人工及施工机械效率降低等费用。

5．工程定位复测费

工程定位复测费是指工程施工过程中进行全部施工测量放线和复测工作的费用。

（二）总价措施费清单表格

总价措施费项目是不能计算工程量的项目清单，以"项"为计量单位进行编制，其标准格式见表4.19。

表 4.19　总价措施费计价表

序号	项目编码	项目名称	计算基础	费率/%	金额/元	调整费率/%	调整后金额/元	备注
1	011707001001	安全文明施工费						
2	011707002001	夜间施工增加费						
3	011707005001	冬、雨期施工费						
4								

投标人可以根据工程实际情况，结合施工组织设计，自主确定措施项目费，对招标人所列项目可以进行增补。这是由于投标人拥有的施工装备、技术水平和采用的施工方案各不相同，招标人提出的措施项目清单是根据一般情况确定的，没有考虑不同投标人的"个性"，投标人投标时应根据投标的施工组织设计或施工方案确定措施项目，对招标人提供的措施项目进行调整。

二、总价措施项目清单计价

（一）总价措施项目计算规则

总价措施费以"项"为计量单位，总计措施费中的安全文明施工费应按国家或省级、行业建设主管部门的规定标准计价，该部分费用为非竞争性费用，招标人不得要求投标人对给项费用进行优惠，投标人也不得将该项费用参与市场竞争。采用费率法计算时需确定其某项费用的计费基数及其费率，结果应该是包含规费、税金以外的全部费用。

（二）总价措施项目计价

根据《湖北省建筑安装工程费用定额》（2018），总价措施项目按费率计价，以分部分项与单价措施项目人工费和施工机具使用费之和为基数。费率按第一章第三节相应表格规定执行。

（三）案例

【例 4.8】某建筑装饰工程，分部分项工程费 1860 万，其中，人工费 285 万，施工机具使用费 123 万；单价措施项目费 43 万，其中，人工费 32 万，机具使用费 3 万。根据《湖北省建筑安装工程费用定额》（2018）相关规定，按一般计税法列表计算该项目的总价措施费，并填入表 4.20。

表 4.20　措施项目清单与计价表

工程名称：例 4.8

序号	费用项目		计算方法	金额 / 万元
1	分部分项工程费			1860
1.1	其中	人工费		285
1.2		施工机具使用费		123
2	单价措施项目费			43
2.1	其中	人工费		32
2.2		施工机具使用费		3
3	总价措施项目费			
3.1	安全文明施工费			
3.2	其他总价措施项目费			
3.2.1	夜间施工增加费			
3.2.2	冬、雨期施工增加费			
3.2.3	工程定位复测费			

解：根据《湖北省建筑安装工程费用定额》（2018）相关规定，按一般计税法计算该项目的总价措施费，见表 4.21。

表 4.21 措施项目清单与计价表

工程名称：例 4.8

序号	费用项目		计算方法	金额 / 万元
1	分部分项工程费			1860
1.1	其中	人工费		285
1.2		施工机具使用费		123
2	单价措施项目费			43
2.1	其中	人工费		32
2.2		施工机具使用费		3
3	总价措施项目费		23.878+2.658	26.536
3.1	安全文明施工费		（285+123+32+3）×5.39%=23.88	23.878
3.2	其他总价措施项目费		0.62+1.506+0.532=2.658	2.658
3.2.1	夜间施工增加费		（285+123+32+3）×0.14%=0.620	0.620
3.2.2	冬、雨期施工增加费		（285+123+32+3）×0.34%=1.506	1.506
3.2.3	工程定位复测费		（285+123+32+3）×0.12%=0.532	0.532

▋本节学习提示

总价措施费的计取各地都有相关文件发布费率，费率标准也会不断结合当地实际进行调整，计算该项费用的时候要关注各地最新的相关文件。

第五章

其他项目、规费、税金项目

学习提示

　　其他项目费包含暂列金额、暂估价、计日工、总承包服务费。其中，暂列金额包含在合同价内，但并不直接属于承包人所有，而是由发包人暂定并掌握使用的一笔款项；暂估价是指招标人在工程量清单中提供的用于支付必然发生但暂时不能确定价格的材料单价及专业工程的金额。

　　规费与税金在我国目前建筑市场存在过度竞争的情况下，规定规费和税金为不可竞争性费用。

知识目标

1. 掌握其他项目、规费、税金项目清单的编制内容。
2. 熟悉其他项目、规费、税金项目清单的费用计算。

能力要求

1. 能够编制其他项目、规费、税金项目清单。
2. 能够计算其他项目、规费、税金项目的费用。

规范标准

1. 《房屋建筑与装饰工程工程量计算规范》（GB 50854—2013）。
2. 《湖北省建筑安装工程费用定额》（2018）。

第一节 其他项目、规费、税金项目清单编制

▌学习目标

1. 掌握其他项目、规费、税金项目清单的编制。
2. 熟悉其他项目、规费、税金项目清单费用的计算。

▌能力要求

能够根据项目描述，完成单位工程其他项目、规费、税金项目清单的编制。

一、其他项目清单编制

其他项目清单是指分部分项工程量清单、措施项目清单所包含的内容以外的，因招标人的特殊要求发生的，与拟建工程有关的其他费用项目和相应数量的清单。其他项目清单包括：暂列金额、暂估价（包括材料暂估单价、工程设备暂估单价、专业工程暂估价）、计日工、总承包服务费。其他项目清单与计价汇总表见表 5.1。

表 5.1 其他项目清单与计价汇总表

工程名称：　　　　　　　　　　　标段：　　　　　　　　　　　第　页　共　页

序号	项目名称	计量单位	金额/元	备注
1	暂列金额	项		明细详见表 5.2
2	暂估价			
2.1	材料（工程设备）暂估价		—	明细详见表 5.3
2.2	专业工程暂估价			明细详见表 5.4
3	计日工			明细详见表 5.5
4	总承包服务费			明细详见表 5.6
5				
合计				—

注：材料暂估单价进入清单项目综合单价，此处不汇总。

1. 暂列金额

暂列金额的概念在本书第二章第一节已经介绍过，暂列金额是包括在合同价之内，但并不直接属承包人所有，而是由发包人暂定并掌握使用的一笔款项。由于建设项目周期长，在工程建设过程中，不可预见、不能确定的因素必然会出现，设计图纸可能进一

步优化，这些因素必然会导致合同价的变更。暂列金额正是为这类价格调整而预先设立的准备金。暂列金额明细表见表 5.2。

表 5.2 暂列金额明细

工程名称：　　　　　　　　　　　　标段：　　　　　　　　　　第 页 共 页

序号	项目名称	计量单位	暂定金额 / 元	备注
1				
2				
3				
	合计			

注：此表由招标人填写，如不能详列，也可只列暂列金额总额，投标人应将上述暂列金额计入投标总价中。

2. 暂估价

暂估价在招标阶段要发生，应为标准不明确或需要专业承包人完成，暂时无法确定的价格。暂估价的数量和拟用项目应当结合工程量清单中的暂估价表予以补充说明，为方便合同管理，需要纳入分部分项工程量清单项目综合单价中的暂估价应只是材料价、工程设备暂估单价，以方便投标人组价。

专业工程暂估价一般应是综合暂估价，应当包含除规费和税金以外的管理费、利润等费用。暂估价中的材料、工程设备暂估价应根据工程造价信息或参考市场价格估算，列出明细表（表 5.3）。专业工程暂估价应区分不同专业，按有关计价规定估算，列出明细表（表 5.4）。

表 5.3 材料（工程设备）暂估单价表

工程名称：　　　　　　　　　　　　标段：　　　　　　　　　　第 页 共 页

序号	材料（工程设备）名称、规格、型号	计量单位	单价 / 元	备注

注：1. 此表由招标人填写，并在备注栏说明暂估价的材料拟用在哪些清单项目上，投标人应将上述材料暂估单价计入工程量清单综合单价报价中。
　　2. 材料包括原材料、燃料、构配件以及按规定应计入建筑安装工程造价的设备。

表 5.4 专业工程暂估价及结算价表

工程名称：　　　　　　　　　　　标段：　　　　　　　　　　第 页 共 页

序号	工程名称	工程内容	金额／元	备注
合计				

注：此表由招标人填写，投标人应将上述专业工程暂估价计入投标总价中。

3．计日工

计日工是为了解决现场发生的零星工作的计价而设立的，为额外工作和变更的计价提供一个方便快捷的参考依据。计日工对完成零星工作所消耗的人工工时、材料数量、施工机械台班进行计量，并按计日工表中填报的适用项目的单价进行计价支付。

计日工应列出项目名称、计量单位和暂估数量见表 5.5。

表 5.5 计日工表

工程名称：　　　　　　　　　　　标段：　　　　　　　　　　第 页 共 页

编号	项目名称	单位	暂定数量	综合单价／元	合价
一	人工				
1					
2					
人工小计					
二	材料				
1					
2					
材料小计					
三	施工机械				
1					
2					
施工机械小计					
总计					

注：此表项目名称、暂定数量由招标人填写，编制招标控制价时，单价由投标人按有关计价规定确定，投标时，单价由投标人自主报价，计入投标总价中。

4. 总承包服务费

总承包服务费是招标人在法律、法规允许的前提下，进行专业工程发包，需要总承包人对发包的专业工程提供协调配合服务，并对施工现场的统一管理，对竣工资料进行统一汇总整理等向总承包人支付的费用；以及总承包人对甲方自行购买的材料、设备提供收、发和保管服务所应该计取的费用。

总承包服务费应列出服务项目及内容，总承包服务费计价表见表5.6。

表 5.6　总承包服务费计价表

工程名称：　　　　　　　　　　标段：　　　　　　　　　　　第 页 共 页

序号	工程名称	项目价值/元	服务内容	费率/%	金额/元
1	发包人发包专业工程				
2	发包人供应材料				
	合计	—	—	—	

二、规费、税金项目清单编制

规费项目清单按照下列内容进行列项：社会保障费（包括养老保险费、失业保险费、医疗保险费）、住房公积金、工程排污费、工伤保险，出现计价规范未列项目时，应按省级人民政府有关部门的规定补充列项。

税金项目清单应包括以下内容：增值税、城市建设维护税、教育附加费。规费、税金项目清单与计价表见表5.7。

表 5.7　规费、税金项目清单与计价表

工程名称：　　　　　　　　　　标段：　　　　　　　　　　　第 页 共 页

序号	项目名称	计算基础	费率/%	金额/元
1	规费			
1.1	工程排污费			
1.2	社会保障费			
(1)	养老保险费			
(2)	失业保险费			
(3)	医疗保险费			
1.3	住房公积金			
1.4	工伤保险			
2	税金	分部分项工程费＋措施项目费＋其他项目费＋规费		

注：根据建设部、财政部发布的《建筑安装工程费用组成》（建标〔2003〕206号）的规定，"计算基础"可为"直接费"，"人工费"或"人工费＋机械费"。

▌ 本节学习提示

  本节学习过程中要注意总承包服务费的计取规定：何时该计取，何时不能计取，计取时的费率标准是多少。

第二节 其他项目、规费、税金项目清单计价

▌学习目标

1．掌握其他项目、规费、税金项目计算的相关规定。

2．掌握其他项目、规费、税金项目计算方法。

▌能力要求

能够根据项目描述，完成单位工程其他项目、规费、税金项目费用的计算。

一、其他项目清单计价

其他项目清单计价，应遵循以下原则。

1．暂列金额

暂列金额可根据工程的复杂程度、设计深度、工程环境条件进行估算，一般可按分部分项工程费的 10% ～ 15% 计取。

2．暂估价

暂估价中的材料单价应按工程造价管理机构发布的工程造价信息中的材料单价计算，工程造价信息未发布的材料单价，其单价参考市场价格估算。暂估价中的专业工程暂估价应分不同专业，按有关计价规定估算。在工程实施过程中，对于不同的材料与专业工程采用不同的计价方法。

1）招标人在招标清单中明确了暂估价的材料和专业工程必须依法招标的，由承包人和招标人共同通过招标确定材料单价和专业工程中标价。

2）若材料不属于依法必须招标的，经承、发包双发协商单价后确认。

3）若专业工程不属于依法必须招标的，由发包人、总承包人与分包人按有关计价依据进行计价。

3．计日工

计日工中的人工单价和施工机具台班单价应按省级、行业建设主管部门或其授权的工程造价管理机构公布的单价计算，材料单价应按工程造价管理机构发布的工程造价信息中的材料单价计算。工程造价信息未发布的材料单价，其单价参考市场调查确定的单价计算。

其他项目费虽然是投标总价的组成部分，但其中的暂列金额、暂估价并不属于承包人所有，投标人投标时不得变动，属于发包人掌握和支配的费用，总承包服务费和计日工应根据现场签证据实结算。

4．总承包服务费

总承包服务费应按省级或行业建设主管部门的规定计算，在计算时，可参考以下标准。

1）招标人仅要求总包人对分包的专业工程进行管理协调服务时：

总承包服务费 = 分包的专业工程造价 ×1.5%

2）招标人要求总包人对分包的专业工程进行管理协调服务，并同时提供配合服务，配合服务的内容包括施工配合费用，施工现场临时水电设施、管线敷设的摊销费用，共用脚手架搭设的摊销费用，共用垂直运输设备、加压设备的摊销费用。

总承包服务费 = 分包的专业工程造价 ×（3% ～ 5%）

3）招标人自行供应材料的，总承包人提供收、发和保管服务时按招标人供应材料价值的 1% 计取。

二、规费、税金项目清单计价

规费和税金应按国家或省级行业建设主管部门的规定计算，为不可竞争性费用。

规费的计取基数为分部分项、单价措施项目及计日工的人工费与机械费之和，费率按当时当地的费用定额规定的费率执行。

税金的计取基数为分部分项工程量清单计价合计、措施项目清单计价合计、其他项目清单计价合计及规费之和，税率按国家规定税率执行。

三、案例

【例 5.1】某办公楼建筑装饰工程，分部分项工程费、单价措施项目费明细见表 5.8，暂列金额按分部分项工程费的 10% 计取；门窗工程暂估价 33 万计划分包给某门窗厂，总承包服务费率按 1.5% 计取；甲方自行采购材料价值 56 万，甲方供材管理费按 1% 计取；计日工 7.8 万，其中人工费 2.5 万，机具使用费 0.8 万，根据《湖北省建筑安装工程费用定额》（2018）相关规定，按一般计税法列表计算该项目的总价措施项目、其他项目、规费、税金项目清单费用，并形成单位工程招标控制价。

表 5.8 分部分项及单价措施项目费用明细表

工程名称：例 5.1

序号	费用项目		金额／万元	备注
1	分部分项工程费		1860	其中材料暂估价 37 万
1.1	其中	人工费	285	
1.2		施工机具使用费	123	
2	单价措施项目费		43	
2.1	其中	人工费	32	
2.2		施工机具使用费	3	

解： 根据《湖北省建筑安装工程费用定额》（2018）相关规定，按一般计税法计算该项目的总价措施项目清单与计价见表5.9。

表5.9 总价措施项目清单与计价表

工程名称：例5.1

序号	费用项目	计算方法	金额/万元
3	总价措施项目费	23.878+2.658	26.536
3.1	安全文明施工费	（285+123+32+3）×5.39%=23.88	23.878
3.2	其他总价措施项目费	0.62+1.506+0.532=2.658	2.658
3.2.1	夜间施工增加费	（285+123+32+3）×0.14%=0.620	0.620
3.2.2	冬、雨期施工增加费	（285+123+32+3）×0.34%=1.506	1.506
3.2.3	工程定位复测费	（285+123+32+3）×0.12%=0.532	0.532

根据《湖北省建筑安装工程费用定额》（2018）相关规定，按一般计税法计算该项目的其他项目清单与计价见表5.10。

表5.10 其他项目清单与计价汇总表

工程名称：例5.1

序号	项目名称		计算方法	金额
1	暂列金额		1860×10%	186
2	暂估价		37+33	70
2.1	材料暂估价		37	37
2.2	专业工程暂估价		33	33
3	计日工		7.8	7.8
3.1	其中	人工费	2.5	2.5
3.2		机具使用费	0.8	0.8
4	总承包服务费		0.495+0.56	1.055
4.1	专业工程分包管理费		33×1.5%	0.495
4.2	甲供材管理费		56×1%	0.56
合计				264.855

根据《湖北省建筑安装工程费用定额》（2018）相关规定，按一般计税法计算该项目的规费项目清单与计价见表5.11。

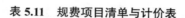

表 5.11　规费项目清单与计价表

工程名称：例 5.1

序号	项目名称	计费方法	金额/元
1	规费	（285+123+32+3+2.5+0.8）×10.15%	45.30
1.1	社会保障费	（285+123+32+3+2.5+0.8）×7.58%	33.83
1.2	住房公积金	（285+123+32+3+2.5+0.8）×1.91%	8.52
1.3	工程排污费	（285+123+32+3+2.5+0.8）×0.66%	2.95
合计			45.30

根据《湖北省建筑安装工程费用定额》（2018）相关规定，按一般计税法计算该项目的税金，并填写招标控制价汇总表见表 5.12。

表 5.12　招标控制价汇总表

工程名称：例 5.1

序号	费用项目		金额/万元	备注
1	分部分项工程费		1860	其中材料暂估价 37 万
1.1	其中	人工费	285	
1.2		施工机具使用费	123	
2	单价措施项目费		43	
2.1	其中	人工费	32	
2.2		施工机具使用费	3	
3	总价措施项目费		23.878+2.658=26.536	
3.1	安全文明施工费		23.878	
3.2	其他总价措施项目费		2.658	
4	其他项目清单费		186+33+7.8+1.055=227.855	
4.1	暂列金额		186	
4.2	暂估价		70	
4.2.1	材料暂估价		37	已计入分部分项工程费
4.2.2	专业工程暂估价		33	
4.3	计日工		7.8	
4.3.1	其中	人工费	2.5	
4.3.2		机械费	0.8	
4.4	总承包服务费		1.055	
4.4.1	专业工程分包管理费		0.495	

续表

序号	费用项目	金额/万元	备注
4.4.2	甲供材管理费	0.56	
5	规费	45.3	
5.1	社会保障费	33.83	
5.2	住房公积金	8.52	
5.3	工程排污费	2.95	
6	不含税工程造价	1860+43+26.536+227.855+45.3=2202.691	
7	税金	2202.691×9%=198.242	按9%税率计算
8	含税工程总造价	2202.691+198.242=2400.933	

【课后练习】某办公楼建筑装饰工程，分部分项工程费、单价措施项目费明细见表5.13，暂列金额按78万计取；门窗工程暂估价28万计划分包给某门窗厂，总承包服务费率按1.5%计取；甲方自行采购材料价值30万，甲供材管理费按1%计取；计日工6万，其中人工费2万，机具使用费0.5万。根据《湖北省建筑安装工程费用定额》(2018)相关规定，按一般计税法列表计算该项目的总价措施项目、其他项目、规费、税金项目清单费用，并形成单位工程招标控制价汇总表。

表5.13　分部分项及单价措施项目费用明细表

工程名称：课后练习

序号	费用项目		金额/万元	备注
1	分部分项工程费		1100	其中材料暂估价30万
1.1	其中	人工费	189	
1.2		施工机具使用费	89	
2	单价措施项目费		28	
2.1	其中	人工费	19	
2.2		施工机具使用费	2	

▌本节学习提示

本节学习过程中要注意规费的计取基数不同于总价措施费的计取基数，不仅包含分部分项及单价措施费中的人工费与机械费之和，还包含计日工中的人工费与机械费之和。

第六章

单位工程施工图预算编制

▌学习提示　　　某建筑装饰工程项目已经进入招标阶段，相应的施工图已经完成，发包方也已经提供了招标相关文件和要求。对于承接该工程的施工单位是否需要进行装饰施工图预算？施工图预算需选用什么样的形式？应如何编制？这是本章研究的重点。

▌知识目标　　1. 了解装饰施工图预算的编制内容、依据、原则。
　　　　　　　2. 熟悉装饰施工图预算的表现形式。
　　　　　　　3. 掌握装饰施工图预算的编制程序。

▌能力要求　　1. 能够判断装饰施工图预算的表现形式。
　　　　　　　2. 能够描述装饰施工图预算的编制步骤。

一、施工图预算的基本概念

（一）施工图预算的含义

装饰施工图预算是依据施工图纸、预算定额、取费标准等基础资料，按照一定的计价程序，编制出来的确定建筑装饰工程建设总造价的文件，其是设计文件的组成部分。

在定额计价模式下，施工图预算即单位工程预算，是在施工图设计完成后，工程开工前，根据已批准的施工图纸，在施工方案或施工组织设计已确定的前提下，按照国家或省市颁发的现行预算定额、费用标准、材料市场价格等有关规定，进行逐项计算工程量，参照相应定额进行工料分析，计算人工费、材料费、施工机具使用费、管理费、规费、利润、税金等费用，确定单位工程造价的技术经济文件。

施工图预算价格既可以按政府统一规定的预算单价、取费标准、计价程序计算得出预期性的施工图预算价格，也可以是通过招投标法定程序后施工企业根据自身的实力，即企业定额、资源市场单价，以及市场供求及竞争状况，计算得到的反映市场性质的施工图预算价格。

（二）装饰施工图预算的作用

装饰施工图预算作为建设工程建设程序中一个重要的技术经济文件，在工程建设实施过程中具有十分重要的意义，主要归纳为以下几点。

1．施工图预算对投资方的作用

1）是建设单位进行投资控制、合理使用资金，加强经济核算和施工管理的重要依据。

2）是建设单位确定招标控制价、签订施工合同的依据。

3）是建设单位拨付工程价款，进行工程结算和工程决算的依据。

2．施工图预算对施工企业的作用

1）是施工企业投标报价的基础。

2）是施工企业签订施工合同的依据。

3）是施工企业编制施工计划，进行施工准备，组织材料进场的依据。

4）是施工企业控制工程成本的依据。

（三）施工图预算的编制依据

（1）施工图设计文件

施工图设计文件是指经过会审的施工图，包括所附的文字说明、有关的通用图集和标准图集及施工图纸会审记录。它们规定了工程的具体内容、技术特征、建筑结构尺寸及装修做法等。

（2）现行预算定额或地区单位估价表

① 现行的预算定额是编制预算的基础资料。编制工程预算，从分部分项工程项目的划分到工程量的计算，都必须以预算定额为依据。

② 地区单位估价表是根据现行预算定额、地区工人工资标准、施工机械台班使用定额和材料预算价格等进行编制的。它是预算定额在该地区的具体表现，也是该地区编制工程预算的基础资料。

（3）经过批准的施工组织设计或施工方案

施工单位要结合施工现场的地质、水文、地貌、环境、交通等自然条件，分析工程项目的复杂程度，编制相应的施工组织设计。施工组织设计或施工方案是建筑施工中的重要文件，它对工程施工方法、材料、构件的加工和堆放地点都有明确规定。这些资料直接影响工程量的计算和预算单价的套用。

（4）行业地区取费标准（或间接费定额）、有关动态调价文件及最新市场材料价格

按当地规定的费率及有关文件、市场信息价格计算施工图预算，是进行价格动态调整的重要依据。

（5）工程的施工合同（或协议书）、招标文件

工程施工合同或协议书是双方必须遵守和履行的书面文字承诺。合同中有关预算的协议条款，也是编制施工图预算的依据。

（6）预算工作手册

预算工作手册是将常用的数据、计算公式和系数等资料汇编成手册以便查用，可以加快工程量计算速度。

（四）施工图预算编制原则

施工图预算是施工企业与建设单位结算工程价款等经济活动的主要依据，是一项工程量大，政策性、技术性和时效性强的工作。因此，编制施工图预算时必须遵循以下原则。

1. 合法性原则

必须认真贯彻执行国家现行的法律、法规文件及地区的各种相关规定。

2. 市场性原则

定额有一定的滞后性，在施工图预算过程中，必须密切关注人工费、材料费、机械台班使用费等要素市场信息，与市场紧密结合。

3. 真实性原则

必须坚持结合拟建工程的实际，真实反映工程所在地当时的价格水平。也就是正确使用定额、费率和调价文件，合理考虑建设期价格的变化因素，实事求是地计算工程造价，做到不高估多算、重算，又不漏算、少算。

二、单位工程施工图预算编制程序

施工图预算的编制是按照施工图预算的编制依据，结合工程实际情况先划分拟编制预算工程的项目分部分项，参考各分项工程工程量计算说明及规则，依次计算出分部分项工程量，再根据地区行业定额或企业定额，计算出对应分部分项工程的单价，汇总分部分项工程费用，进行取费，形成单位工程总造价。

施工图预算编制方法常见的有工料机单价法和综合单价法。

（一）工料机单价法编制施工图预算步骤

用工料机单价法编制施工图预算流程如图 6.1 所示。

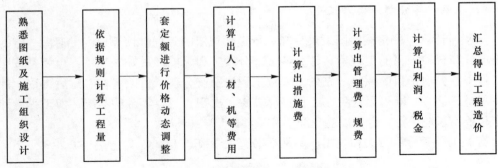

图 6.1　工料机单价法计算步骤

用工料机单价法编制施工图预算详细步骤如下。

1. 收集、熟悉编制施工图预算的有关资料

1）收集基础资料，做好准备。主要收集编制施工图预算的编制依据。包括施工图纸、有关的通用标准图集、图纸会审记录、设计变更通知、施工组织设计、预算定额、取费标准及市场材料价格等资料。

2）熟悉施工图等基础资料。编制施工图预算前，应熟悉并检查施工图纸是否齐全、尺寸是否清楚，了解设计意图，掌握工程全貌。

另外，针对要编制预算的工程内容搜集有关资料，包括熟悉并掌握预算定额的使用范围、工程内容及工程量计算规则等。

3）掌握施工组织设计和施工现场情况。编制施工图预算前，应了解施工组织设计中影响工程造价的有关内容。例如，各分部分项工程的施工方法，土方工程中余土外运使用的工具、运距，施工平面图对建筑材料、构件等堆放点到施工操作地点的距离等，以便能正确计算工程量和正确套用或确定某些分项工程的基价。这对于正确计算工程造价，提高施工图预算质量有着重要意义。

2. 熟悉预算定额分项及工程量计算说明和规则

熟悉预算定额分部分项工程划分方法及分项工程的工作内容，以便正确地将拟建工程按预算定额的分部分项工程划分方法进行分解；熟悉预算定额的工程量计算说明和规则，以便列项时正确的选用定额子目。

3. 确定和排列工程预算项目（简称列项）

正确列项是正确计算分项工程量的前提。在熟悉完成图纸后，即可对照预算定额综合基价进行列项工作。凡是施工图纸中涉及的工程项目，均应按各地区定额项目的划分顺序，以及综合基价的编排顺序及工程的施工顺序主项列出，同时，还应考虑到一些图纸设计与定额综合基价子目不符的项目。这些项目应按定额综合基价说明及计算规则进行必要的换算。

4．准确计算分部分项工程量

工程量计算应严格按照图纸尺寸和现行定额规定的工程量计算规则，遵循一定的顺序逐项计算分项子目的工程量。计算各分部分项工程量前，最好先列项。也就是按照分部工程中各分项子目的顺序，先列出单位工程中所有分项子目的名称，然后再逐个计算其工程量。这样，既可以避免在工程量计算中，出现盲目、零乱的状况，使工程量计算工作有条不紊地进行，也可以避免漏项和重项。

有关工程量计算方法和规则，参见本书有关章节。

5．套用预算定额、进行价格的动态调整

各分项工程量计算完毕，并经复核无误后，按预算定额手册规定的分部分项工程顺序逐项汇总，然后将汇总后的工程量填入工程预算表内，并将计算项目的相应定额编号、计量单位、预算定额基价，以及其中的人工费、材料费、机械台班使用费填入工程预算表内。

如果施工图中某分项工程所使用的材料品种、规格或配合比等，与定额相应子目的规定不同，而定额又允许换算时，则在套用定额单价时需进行换算才能确定换算后的基价。对于定额中缺项的子目，需按规定编制补充定额。

6．编制工料机分析表

工料机分析是依据预算定额或单位估价表，分别将各分项工程消耗的各项材料、人工及施工机械进行计算汇总，得出单位工程人工、材料及施工机械的消耗数量。

7．计算措施费

对于可量化的单价措施费（通常为技术措施费）可参考分部分项工程的方法进行计算，对于不可量化的总价措施费（组织措施费），则用相关费用定额进行费率计算。

8．按计价标准计取各项费用，并汇总造价

按取费标准计算管理费、规费、利润、税金等费用，求和得出工程预算价值，并填入预算费用汇总表中。同时，计算技术经济指标，即单方造价。

9．复核

对项目的填列、工程量计算、单价的套用、取费的费率、技术经济指标进行全面复核，及时发现错误并修改，确保预算的准确性。

10．填写封面、编制说明、装订成册

封面应写明工程编号、工程名称、预算总造价、建筑面积及单方造价、编制单位及日期等内容。

编制说明的内容在第二章第四节已作介绍。

最后将封面、编制说明、预算费用汇总表、材料汇总表、工程预算分析表，按以

上顺序编排并装订成册，由编制人员签字盖章，请有关单位审阅、签字并加盖单位公章后，便完成了施工图预算的编制工作。

（二）综合单价法编制施工图预算步骤

用综合单价法编制施工图预算流程如图 6.2 所示。

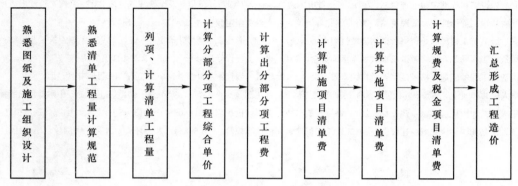

图 6.2　综合单价法计价步骤

综合单价法编制施工图预算的详细步骤如下：（有些相同的步骤也可以参考工料机单价法的步骤进行，此处就不一一详细介绍了）

1）熟悉图纸和招标文件。

2）了解施工现场的有关情况。

3）划分项目、确定分部分项清单项目名称、编码（主体项目）、项目特征。

4）计算分部分项清单工程量。

5）计算分项工程的综合单价，并编制相应费用清单。（分部分项工程量费用清单、措施项目费用清单、其他项目费用清单）

6）计算规费及税金。

7）汇总各项费用计算工程造价。

8）复核、编写封面、总说明。

9）装订（见清单规范中标准格式）。

▌ 本节学习提示

工料机单价法在计算工料机消耗量时，套用的是预算定额，预算定额中给定的人工、材料、施工机械的消耗量，是相对稳定不变的，不足以体现施工企业自身的施工管理水平，也不能完全适应市场的经济环境。因此，在投标报价时，企业也可根据自己的施工管理水平，结合市场供需，自行确定各分项工程的人、材、机消耗，这也就是当前建筑市场推行的综合单价法，综合单价法在编制施工图预算时，充分体现了企业自主报价、市场自由竞争的特性。

主要参考文献

湖北省建设工程标准定额管理总站，2018.湖北省房屋建筑与装饰工程消耗量定额及全费用基价表［M］.武汉：长江出版社.

湖北省建设工程标准定额管理总站，2018.湖北省建筑安装工程费用定额［M］.武汉：长江出版社.

全国二级造价工程师职业资格考试培训教材编审委员会，2019.建筑工程计量与计价实务［M］.北京：中国建筑工业出版社.

全国造价工程师职业资格考试培训教材编审委员会，2019.建筑工程计量［M］.北京：中国计划出版社.

全国造价工程师职业资格考试培训教材编审委员会，2019.建筑工程技术与计量［M］.北京：中国计划出版社.

中华人民共和国住房和城乡建设部，2013.房屋建筑与装饰工程工程量计算规范：GB 50854—2013［S］.北京：中国计划出版社.

中华人民共和国住房和城乡建设部，2013.房屋建筑与装饰工程计价规范：GB 50854—2013［S］.北京：中国计划出版社.

中华人民共和国住房和城乡建设部，2013.建筑工程建筑面积计算规范：GB 50854—2013［S］.北京：中国计划出版社.